화석이 말을 한다면

화석이 말을 한다면

화석 속에 숨겨진 60가지 지구 생명의 비밀

김동희

사이언스 북스
SCIENCE BOOKS

시간에는 경계가 없다. 자연 법칙에는 경계가 없다.
현재는 과거를 푸는 열쇠이다.

—찰스 라이엘

화석의 이야기를 들어라!

1980년대 후반, 대학 교과 과정의 일환으로 참가한 야외 실습에서 우연히 화석을 발견했다. 그때까지 필자는 화석을 직접 만져 보거나 발굴해 본 적이 전혀 없었는데, 단단한 암석 속에서 옛날에 살았던 생명체의 유해가 산출된다는 사실에 매우 큰 충격을 받았다. 화석을 발견했던 당시의 감동과 경외감은 아직까지 가슴 속 깊이 남아 있다.

화석을 전공하고, 화석의 내용과 의미에 대해 더 많은 것을 알게 되면서, 필자는 보다 많은 사람들이 선사 시대 생물들의 모습과 삶에 관심을 갖기를 희망했다. 그러던 중 우연찮게 한국과학문화재단(현 한국과학창의재단)의 홈페이지(www.scienceall.com)에 '화석 속에 숨겨진 비밀'이라는 제목으로 정기적으로 칼럼을 연재하는 기회가 생겼는데, 이 책의 뼈대는 그때 만들어졌다.

이 책은 크게 6부로 구성된다. 1부에서 5부까지는 원시 지구의 탄생에서 현재에 이르기까지 지구상에 명멸했던 대표적인 화석들을 40여 편의 짧은 글을 통해 설명하고 있다. 이 화석들은 지질학적인 시간 흐름에 따라 배열되어 있어서 글을 읽다 보면 자연스럽게 생명의 역사와 진화를 파악할 수 있으며, 더불어 화석 발굴 및 연구와 관련된 당시의 역사, 문화, 과학을 엿볼 수 있을 것이다. 6부 「시간의 발견자」는 화석 연구의 발전에 기여한 대표적인 고생물학자와 지질학자의 일생을 간략하게 소개했다. 고생물학의 지평을 넓힌 석학들의 삶과 메시지를 느껴 보기를 바란다. 또한 각 부가 끝날 때마다 「화석의 이모저모」라는 코너를 두어 재미있는 화석 이야기를 덧붙였다.

1부에서 6부까지 본문이 52편이고 각 부에 덧붙어 있는 보론 격의 「화석의 이모저모」가 6편 그리고 화석 관련해서 읽을 만한 책들을 소개한 「더 읽을거리」와 가족이 함께 가 볼 만한 자연사·과학 박물관을 소개한 「가 볼 만한 곳들」을 더해 모두 60편의 글로 이루어져 있다. 나름 중요하고 재미있을 것이라고 여긴 60개의 화석 이야기 주머니들이다.

오늘날 지구상에는 수많은 생물이 살고 있다. 그러나 약 46억 년 전에 원시 지구가 탄생한 이래 이 땅에 살다간 수많은 생물들과 비교하면, 오늘날 지구상에 살고 있는 생물들은 극히 일부분에 지나지 않는다. 고생물학은 퇴적물 속에 남아 있는 화석에 근거해 지질 시대에 살았던 생물들을 연구하는 학문으로, 먼 옛날 지구상에 살다간 수많은 생물들의 모습과 그들의 삶을 추적한다. 과거 지구상에 살다간 셀 수 없이 많은 생물 가운데는 공룡이나 삼엽충처럼 잘 알려진 것도 있지만 대부분은 그렇지 못하다. 따라서 이 책은 지구상의 생명의 탄생과 진화 그리고 멸망의 역사에 대한 관심을 가지고 있는 모든 사람들에게 큰 즐거움을 주리라 믿는다.

2011년 여름
국립중앙과학관에서
김동희

책을 시작하며

화석의 이야기를 들어라!　7

1부 지구와 생명의 탄생　14

1　지구에서 가장 오래된 암석　17

2　생명 탄생 전야,
　마그마 바다가 식다　21

3　생명을 만든 자연의 화학 실험　26

4　생명의 진화, 닭이 먼저일까,
　달걀이 먼저일까?　31

5　산소를 처음 만든 남세균　35

6　다세포 진핵생물의 출현과　40
　죽음의 탄생

화석의 이모저모:
화석으로 지질 시대를 구분하는 법　45

2부 생명 대폭발　48

7　절대 시간을 정하는 화석　51

8　생명의 대폭발　58

9　5억 년 전 바다의 지배자,
　삼엽충　63

10　이상한 새우, 아노말로카리스　68

11　옛날에도
　1년은 365일이었을까?　74

12　거대 곤충의 전설　80

13　어류의 진화　84

14　생명, 육지를 공략하다　89

15　보다 더 내륙 깊숙이　93

16　산업 혁명을 낳은
　3억 년 전의 식물들　96

화석의 이모저모:
바다에 살았던 생물들의 공동 묘지　100

3부 공룡의 시대   104

17 대륙은 움직인다   107

18 최초의 공룡 화석   118

19 2억 년 전 육지를 지배한
'무서운 도마뱀'   124

20 쥐라기 공원의 공룡들   131

21 보석이 된 화석들   137

22 백악기의 지배자   140

23 하늘을 나는 파충류, 익룡   145

24 고대의 날개   150

25 산꼭대기의 조개 화석   155

26 공룡 멸망의 비밀   161

27 공룡 왕국 한반도   166

화석의 이모저모:
살아 있는 화석   171

4부 포유류의 시대   178

28 최초의 포유류   181

29 에쿠스는 승용차 이름이
아니라고요?   185

30 코끼리가 보여 주는
진화의 증거   189

31 화석 복제는 가능할까?   194

32 사라진 야수들   200

33 땅을 기어 다닌 거대 나무늘보   204

34 영장류 진화의 갈림길   209

화석의 이모저모:
거짓 화석   213

5부 인류는 어디에서 왔는가?   218

35   루시라는 여인을 아시나요?   221

36   최초의 인간을 둘러싼 논쟁   227

37   네안데르탈인
     멸망의 수수께끼   232

38   사기꾼의 화석   238

39   이브의 갈비뼈를 찾아서   245

40   외계 생명은 있는가?   250

화석의 이모저모:
현대는 제6의 멸종 시대?   255

6부 시간의 발견자   260

41   진화론의 선구자   263

42   자연의 동일성   267

43   용불용설과
     획득 형질의 유전   270

44   격변에 의한 멸종을
     인정하다   273

45   세계 최초의 지질도   276

46   현대 지질학의 아버지   279

47   나는 천천히 진화해 왔다   282

48   진화론을 지지하다   286

49   직립 원인의 발견자   289

50   대륙과 해양의 기원   292

51   생명의 기원과
     진화를 밝히다   296

52   단속 평형설   299

화석의 이모저모:
나도 이젠 시간의 발견자   302

더 읽을거리   318

가 볼 만한 곳들   322

찾아보기   324

1부
지구와 생명의 탄생

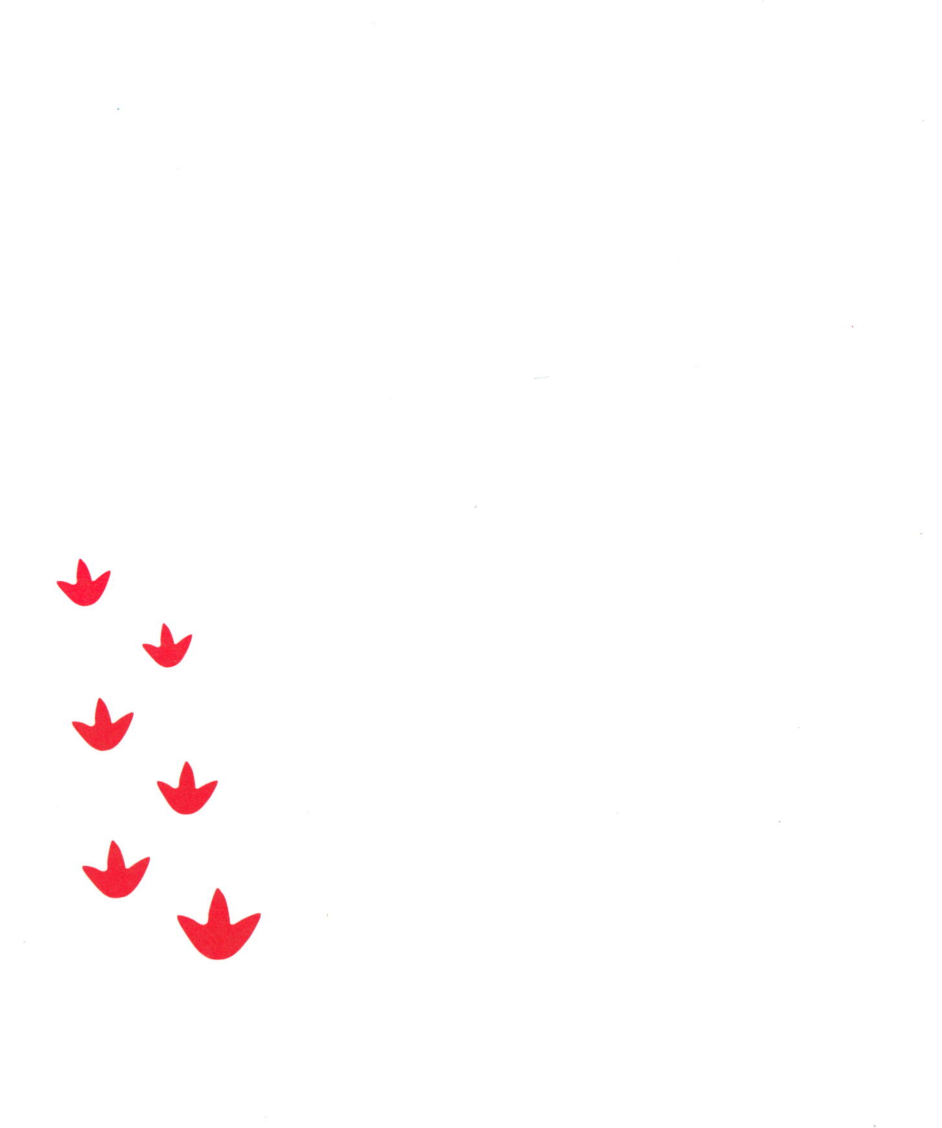

지구에서 가장 오래된 암석

인간이 지구의 나이, 즉 지질학적 시간 개념을 이해하기 시작한 것은 그리 오래된 일이 아니다. 중세 사람들은 지구의 나이를 종교적이거나 신화적인 측면에서 이해했으며, '지구(인간)가 우주의 중심이며 지구의 나이는 수천 년에 불과하다.'고 여겼다. 일례로, 1650년 아일랜드의 대주교 제임스 어셔(James Ussher)는 성서를 토대로 복잡한 계산을 수행한 결과, "지구가 기원전 4004년 10월 22일 밤에 탄생했다."라고 주장했고, 1664년 케임브리지 대학교의 부총장을 지낸 존 라이트풋(John Lightfoot)은 "인간이 기원전 3928년 9월 17일 오전 9시에 창조됐다."라고 발표했다. 이러한 주장은 당시의 기독교 사회에서 매우 합리적인 생각으로 받아들여졌다.

지구의 나이에 대한 보다 과학적인 접근은 18~19세기에 지질 과학이 발달하면서 이루어졌다. 프랑스의 조르주루이 르클레르 드 뷔퐁(Georges-Louis Leclerc de Buffon)은 1749년부터 1788년까지 36권으로 발행된 백과사전적 저술인 『자연사(Histoire Naturelle)』에서 지구의 나이는 7만 5000년이라고 주장했다. 그는 지구가 태양과 혜성의 충돌을 통해 형성됐으며, 처음 형성 당시 백열(白熱) 상태였던 지구가 냉각해 현재에 이르기까지의 시간을 철로 만들어진 구가 냉각되는 속도와 비교해, 지구가 적어도 7만 5000년의 나이를 가지고 있다고 추론한 것이다.

이러한 18세기 후반 과학자들의 자연에 대한 자세한 관찰과 과학적인 사고는 동시대 사람들에게 지구의 나이에 대한 기존의 생각에 의문을 갖게 만들었으며, 마침내 신학에 바탕을 둔 기독교적인 시간 개념에서 벗어나게 만들었다.

지질 과학은 지각을 연구 대상으로 하는 자연 과학의 한 분야로, 역사 과학의 성격을 지니고 있다. 18~19세기에 지질 과학이 발달하면서 사람들은 현재의 지구에서 일어나고 있는 여러 가지 변화는 과거의 지구에서도 똑같이 일어났음을 이해하게 됐다. 만약 지층이 교란되지 않았다면 야외에서 관찰되는 층을 이룬 암석은 순서대로 놓여 있다는 것을 알게 됐다. 그리고 거기에서 상대적인 시간 개념, 즉 하부에 놓인 지층이 상부에 놓인 지층보다 먼저 쌓인 지층이라는 것을 이해하게 됐다.

이와 같은 자연 현상에 대한 과학적 사고는 현재 지구상에서 일어나는 여러 가지 변화에 소요되는 시간을 고려해 볼 때, 지구의 나이가 '무한의 시간'을 가지고 있다고 이해하게 됐다. 실제로 찰스 라이엘(Charles Lyell)은 1830년에 출간된 『지질학 원리(*Principles of Geology*)』에서 화석에 내포되어 있는 생물 진화에 대한 정보와 퇴적

■ 지구에서 가장 오래된 암석인 아카스타 편마암.

암층의 두께에 근거해 고생대 초부터 중생대 말까지의 기간을 2억 4000만 년으로 추정했다.

지구의 나이에 대한 좀 더 정밀한 측정은 1896년 앙리 베크렐(A. Henri Becquerel)이 우라늄의 방사능을 발견하면서 가능해졌다. 1905년 물리학자 어니스트 러더퍼드(Ernest Rutherford)는 방사능을 가지고 지구의 나이를 측정할 수 있음을 최초로 제안했으며, 1907년 버트램 보든 볼트우드(Bertram Bordon Boltwood)는 우라늄이 일정한 속도로 붕괴해 납과 헬륨이 되는 사실을 밝히고, 우라늄/납의 비율로부터 지구의 나이를 16억 4000만 년으로 추정했다. 오늘날, 다양한

방사성 원소	최종 산물	반감기(억 년)
우라늄 238	납 206	44.68
우라늄 235	납 207	7.04
토륨 232	납 208	140.08
루비듐 87	스트론튬 87	488
칼륨 40	아르곤 40	12.5
사마륨 147	네오디뮴 143	1060
탄소 14	질소 14	(5730년)

• 반감기는 암석 속에 존재하는 방사성 동위 원소의 양이 반으로 줄어드는 데 걸리는 시간을 말하며, 열이나 압력의 영향을 받지 않으며, 붕괴 속도는 항상 일정하다.

방사성 동위 원소를 이용한 연령 측정법이 개발됐으며, 지구의 암석, 월석 그리고 운석에 대한 연령 측정 결과 가장 신뢰할 만한 지구의 나이는 약 45.6억 년으로 밝혀지게 됐다.

　방사성 동위 원소 분석에 따르면 지구상에서 가장 오래된 암석은 캐나다 북서부 그레이트 슬레이브(Great Slave) 호 근처의 아카스타 편마암(Acasta Gneiss)으로 약 40.3억 년 전에 생성되었다. 아카스타 편마암에서는 아직까지 생물의 유해나 흔적이 발견되지 않았다. 한편 오스트레일리아 서부의 한 암석에서 나온 광물(지르콘(Zircon))은 약 43억 년의 나이를 갖으며 현재까지 알려진 가장 오래된 광물이다. 암석보다 암석에 포함되어 있는 광물의 나이가 더 많은 이유는 광물이 고온 고압에서 완전히 녹지 않고 재순환됐기 때문이다. 따라서 43억 년 전에 이미 원시 지구에 지각이 형성되어 있었음을 알 수 있다.

생명 탄생 전야, 마그마 바다가 식다 2

오늘날 과학자들은 우주 공간에 존재하는 별의 탄생과 소멸 과정을 연구하고 있으며, 이러한 연구를 통해 태양계의 구조와 형성 과정에 대한 정보를 얻고 있다. 태양계는 태양, 지구를 포함한 8개의 행성, 수없이 많은 소행성, 혜성, 위성 들로 이루어져 있으며, 이 천체들이 함께 태어났다고 생각되기 때문에 묶어서 태양계라 부르고 있다.

고대인들은 지구가 우주의 중심이며 달, 태양, 그리고 당시에 알려져 있던 행성인 수성, 금성, 화성, 목성 및 토성이 지구 주위를 공전한다는 지구 중심적인 우주관을 가지고 있었다. 이러한 지구 중심적인 우주관은 16세기와 17세기에 근대 천문학이 발전하면서 바뀌게 됐다. 니콜라우스 코페르니쿠스(Nicolaus Copernicus)는 지구는 단지 태양계 내의 하나의 행성에 불과하며, 태양이 중심에 있고, 수성, 금성, 지구, 화성, 목성 및 토성이 태양 주위를 공전한다는 현재의 태양계 모형을 최초로 만들었다.

우주 공간에 분포하는 가스와 먼지 덩어리를 성운이라고 한다. 현재 은하에서 관찰되는 성운은 보통 99퍼센트의 가스와 1퍼센트의 먼지로 이루어져 있는데, 가스는 주로 수소와 헬륨으로 구성되며, 먼지는 매우 작은 규소 화합물, 철 산화물, 얼음 알갱이 등으로 이루어져 있다. 우주 공간에 안정하게 놓여 있던 성운에 별이 폭발할 때(별의 마지막 순간이다.) 생성되는 잔해가 유입되면, 성운의 밀도는 증가하게 되고, 성운의 중력 에너지가 열에 의한 팽창 에너지보다 커지면서, 성운은 수축하기 시작한다.

약 46억 년 전, 우주 공간에 안정하게 놓여 있던 원시 태양 성운도 이와 비슷한 일을 경험했을 것이다. 다른 별의 폭발(초신성)에서 생긴 잔해가 원시 태양 성운에 유입되면서 자체 중력 에너지가 커졌고, 수축·회전이 일어나게 됐다. 원시 태양 성운의 수축은 중심부의 온도·밀도·압력을 증가시켰으며 이로 인해 핵융합 반응이 일어나 별(원시 태양)이 탄생하게 된다.

초기에 원시 태양 주변의 성운은 원시 태양에서 방출되는 에너지 때문에 모두 기체로 변했지만 이 기체들은 곧 응결해 작은 광물 알갱이를 이루었다. 태양에서 가까운 곳에서는 용융점이 높은 철, 마그네슘, 규소 알갱이가, 그리고 먼 곳에서는 물, 암모니아, 메탄 등으로 이루어진 얼음 알갱이가 생성됐다. 이 작은 알갱이들이 서로 부딪치고 합치는 과정을 반복하면서 미행성이 생성됐고, 각 행성대에 있던 미행성들이 합쳐져 마침내 태양계의 행성들이 만들어졌다. 우리 지구도 이렇게 탄생했다.

형성 직후 원시 지구의 표면은 마그마의 바다가 덮고 있었다. 크고 작은 미행성들이 끊임없이 충돌해 지표 물질이 대부분 녹은 상태였다. 아마, 대기도 없었을 것이다. 그러나 시간이 흐르면서 미행성의 충돌 빈도가 감소하게 되고, 온도가 낮아져 지표면이 식으면서, 지각이 형성됐다.

원시 지구는 화산 활동을 통해 수증기, 이산화탄소, 질소, 수소 등의 휘발성 성분을 지구 내부로부터 방출했다. 이 물질들이 지구의 중력에 잡혀 원시 대기를 이루었다. 이중 수증기는 모여서 비가 되었고 지각을 식혔다.

지구는 계속 냉각됐고, 강과 바다가 형성됐다. 지구에 바다가 존재하기 시작한 것은 약 44억 년 전 이전으로 추정되며, 대기 중의 수증기가 비로 내려 소모되면서 대기는 주로 이산화탄소와 질소로 이루어지게 됐다.

지구에 존재하는 물의 기원에 대한 다른 주장도 있다. 1986년 미국 아이오와 대학교의 루이스 프랭크(Louise Frank)는 외계에서 지구로 1분당 20여 개씩 떨어지는 우주 눈덩이(cosmic snowball)가 지구의 물을 증가시켜 왔으며 그 양은 지구의 해수면을 1억 년 동안 100~150미터 증가시킬 수 있는 양이라고 추정했다. 이러한 우주 눈덩이는 대기권에서 기화되어 대기에 포함됐으며, 나중에 비의 형태로 내려 바다를 이루었을 것이다.

태양계 행성 중 수성, 금성, 화성 등의 다른 지구형 행성들도 원시 지구와 유사한 방식으로 만들어졌지만 이 행성들의 진화 경로는 서로 달랐다. 행성의 진화 과정은 주로 행성에 작용하는 열에 따라 결정되는데, 금성은 태양과 좀 더 가까웠기 때문에 온도가 높아 수증기로 이루어진 대기를 모두 날려 버렸다. 또한 화성은 태양과 너무 멀었기 때문에 너무 추웠고 결국 수증기가 얼음 상태로 남게 됐다. 오로지 태양과 적절한 거리에 위치한 지구만이 대기 중의 수증기가 비로 내려 바다를 형성할 수 있었다. 이 바다 속에서 마침내 생명이 탄생했다.

■ 우주에서 본 지구의 모습. 대기와 물 그리고 지각으로 이루어진 지구 표면에는 얇디얇은 생명계가 형성되어 있다.

생명을 만든 자연의 화학 실험 3

최초의 원시 대기는 산소를 포함하고 있지 않았으며 자외선을 흡수할 오존층도 존재하지 않았다. 따라서 지표면은 태양의 유해한 자외선에 노출되어 있었다. 반면 바다는 자외선을 차단할 수 있었으므로 바다에서는 생명 탄생에 필요한 요소들이 쌓일 수 있었다.

생명체가 존재하기 위해 가장 필요한 요소는 물과 유기 화합물이다. 이중 유기 화합물은 탄소 원자가 수소, 산소, 질소 등과 결합한 탄소 화합물이다. 19세기 초에 독일의 화학자 프리드리히 뵐러(Friedrich Wöhler)는 유기 화합물을 실험실에서 합성해 냄으로써 유기 화합물이 생명 현상을 통하지 않고도 합성될 수 있음을 최초로 밝혔다.

1936년에는 러시아의 생화학자 알렉산데르 오파린(Alexander I. Oparin)이 "원시 지구에서 긴 세월을 지나는 사이에 무기물에서 유기물이 점진적으로 형성됐고, 이 유기물이 생명체로 진화했다."라고 주장했다. 그는 원시 대기의 기체 분자들이 오랜 시간 동안 태양에서 방출된 자외선과 번개에서 나오는 전기 에너지 그리고 지구 내부의 열 등에 노출되는 동안 서로 반응해 간단한 형태의 화합물을 만들었다고 생각했다. 이 화합물들은 비에 씻겨 내려 바다 속에 축적됐으며 서로 반응해 점차 복잡한 형태의 화합물을 형성했고, 이것들이 다시 반응해 더욱 복잡한 유기물 복합체를 이루게 됐다.

코아세르베이트(coacervate)로 명명된 이 유기물 복합체는 막으로 둘러싸여 있었으며 주위에 있는 생명 현상에 필요한 물질들을 흡수함으로써 생명체로 발전할 수 있었다. 이렇게 탄생한 최초의 생명체는 아마도 주변의 유기물을 먹이로 이용하는 종속 영양 생물이었을 것이라고 오파린은 생각했다. 왜냐하면 자신의 생존을 위해 스스로 유기물을 합성할 수 있는 독립 영양 생물은 종속 영양 생물보다 진화 단계가 더 높기 때문이다.

1953년, 미국 시카고 대학교의 대학원생이었던 스탠리 밀러(Stanley L. Miller)는 오파린의 가설을 실험했다. 그는 5리터의 플라스크 속에 200밀리리터의 물을 넣은 후 공기를 빼어 진공으로 하고, 당시에 원시 지구의 대기 성분으로 생각됐던 메탄, 수소, 수증기 그리고 암모니아 기체를 주입하고 밀폐한 다음, 물을 끓이며 전류를 통하게 했다. 일주일 후 이 장치의 바닥에 모인 액체를 분석했는데 그 결과 여러 가지 아미노산과 지방산 그리고 당류 등이 형성됐음을 발견했다.

이 같은 사실은 생명체를 구성하는 유기 화합물들이 불모의 원시 지구에서도 합성될 수 있었음을 보여 주는 것이다. 또 원시 대기

■ 오파린의 가설을 실험해 무기물 사이에서 유기물이 합성될 수 있음을 증명한 스탠리 밀러.

의 성분이 밀러가 실험할 당시와는 달리 주로 이산화탄소로 이루어졌음이 알려진 이후, 원시 대기의 조성을 바꾸어 가며 다양한 실험이 이루어졌고, 그 결과 오늘날 지구상에 존재하는 대부분의 아미노산, 염기 그리고 비타민을 합성하게 됐다.

원시 지구에서 형성된 아미노산 분자들은 시간이 지남에 따라

서로 결합해 더욱 큰 단백질 덩어리를 만들게 됐고 마침내 이 덩어리들이 합쳐져 원시 세포를 형성했을 것으로 여겨진다. 미국의 생화학자 시드니 폭스(Sidney W. Fox)는 이 가정을 검증하기 위해 건조시킨 아미노산의 덩어리를 섭씨 100도 이상으로 가열했고 그 결과 농축시킨 아미노산에서 단백질성 물질을 만드는 데 성공했다. 나아가 이 물질들이 물 속에서 막을 갖는 작은 덩어리를 형성하는 것을 관찰했다.

미구형체라고 이름 붙여진 이 덩어리는 주변의 유기물 분자를 흡수해 더욱 커지거나, 갈라져 새로운 미구형체를 이루기도 했다. 분명, 이러한 실험 결과들은 생물의 도움 없이도 원시 지구에서 생명체의 구성 요소들이 점진적으로 형성될 수 있음을 보여 주는 것이다.

그러나 미구형체가 생명체에 보다 가까이 다가서 있는 것은 사실이지만 이러한 미구형체에서 어떻게 살아 있는 세포로 진화할 수 있었는지를 밝히기 위해서는 아직도 많은 연구가 필요하다. 사실, 이러한 일련의 연구에는 유전자의 개념이 빠져 있었다.

생물이 지구상에서 우연히 발생한 것이 아니라 다른 천체에서 날아온 생명의 씨에서 싹텄다고 생각하는 학자들도 있다. 이 같은 주장은 운석이나 혜성 등 우주 공간에서 날아온 물체에서 아미노산이나 물 같은 생명의 기본 물질이 검출되면서 강한 설득력을 지니게 됐다. 실제로 1997년에 지구에 가까이 왔던 헤일-밥 혜성에는 물, 암모니아, 포름알데히드, 시안화수소 등이 있다는 것이 밝혀졌고, 이 물질들이 적절히 반응한다면 생명체에 필요한 아미노산이 합성될 수도 있다. 실제로 최근에는 소아마비의 병원체로 알려져 있는 폴리오 바이러스(polio virus)의 합성에 성공하기도 했다. 물론 바이러스를 생명이라고 말하기는 어렵지만, 유전 정보를 이용해 바이러스를 합성한 것은 이번이 처음으로, 생명 합성에 더 가까이 다가간 것만은 틀림없다.

약 46억 년 전에 탄생한 원시 지구는 처음에는 생명체가 살지 않는 불모의 땅이었지만 생명체를 창조하려는 끊임없는 활동을 통해 마침내 바다 속에서 원시 생명체를 탄생시킬 수 있었다. 이렇게 형성된 초기 생물은 산소를 이용하지 않으면서 물 속에서 생활했고 주변의 영양분을 먹었던 것으로 추정된다.

생명의 진화, 닭이 먼저일까, 달걀이 먼저일까? 4

흔히 우스갯소리처럼 달걀이 먼저 생겼는지 아니면 닭이 먼저 생겼는지 물어볼 때가 있다. 닭이 존재하기 위해서는 달걀이 먼저 생겨났어야만 하고 반대로 달걀이 존재하기 위해서는 닭이 먼저 생겨났어야만 한다. 답이 없어 보이는 이 질문은 원시 지구에 최초의 생명이 탄생했을 때에도 동일하게 적용된 질문이다.

생명의 기본 단위는 세포이며, 생명이 발생하기 위해서는 핵산(DNA와 RNA)과 단백질이 필요하다. 오늘날, 세포 속 DNA(디옥시리보핵산)의 유전 정보는 RNA(리보핵산)로 전사되어 단백질이 합성된다.

DNA나 RNA 같은 핵산의 재료인 뉴클레오티드나 단백질의 재료인 아미노산은 원시 바다에서는 화학 진화를 통해 형성됐다. 오파린, 밀러, 폭스 등의 과학자들은 단백질이 생명을 이루는 최초의 물질이었다고 가정하고, 어떻게 원시 지구에서 단백질이 생성됐는지를 밝혀내기 위한 일련의 연구들을 수행했다. 그 결과 아미노산과 단백질성 물질을 합성하는 데 성공했다.

단백질은 수많은 아미노산의 연결체로 모든 생물의 몸을 구성하는 고분자 유기물이다. 또한 세포 내의 각종 화학 반응을 일으키는 촉매로 작용하고, 항체를 형성해 면역을 담당하기도 한다. 단백질은 복잡한 물질을 이루는 펩티드의 결합이 쉽게 일어나기 때문에 DNA보다 먼저 생겨났으며, 그 자체가 유전 정보를 전달한다고 여겨졌다.

그러나 1953년 DNA의 이중 나선 구조가 밝혀지면서, DNA가 원시 지구상에 출현한 최초의 복제자로서, 자기 복제를 통해 번식하고 진화해 단백질을 만들었다고 생각하는 사람들이 생겨났다. DNA는 염기·디옥시리보오스·인산 분자가 하나씩 연결되어 이중 나선 구조를 이루는 매우 복잡한 물질로, 생물이 성장하고 번식하는 데 필요한 유전 정보가 들어 있다. DNA는 유전 정보를 운반하고 효소의 특성을 갖는다는 점 때문에 단백질보다 먼저 생겨났다고 여겨졌다.

그런데 DNA의 유전 정보를 읽기 위해서는 효소로 작용하는 단백질의 도움을 받아야만 하며, 단백질을 합성하는 데 필요한 유전 정보는 DNA에 들어 있다는 사실이 밝혀지면서, DNA가 먼저인지, 단백질이 먼저인지 하는 문제는 닭과 달걀의 문제와 유사한 상황에 부딪히게 됐다.

이러한 상황에서 주목받게 된 것이 RNA이다. RNA는 염기·리보오스·인산 분자가 하나씩 모여 하나의 가닥을 이루는 비교적 간단한 물질로, 유전 정보를 읽고 집행하는 일을 담당한다. 1980년대에

■ DNA의 이중 나선 구조를 발견한 프랜시스 크릭(오른쪽)과 제임스 왓슨(왼쪽).

이르러 모든 효소가 단백질만으로 구성된 것이 아니며 RNA가 효소를 구성할 수 있다는 사실이 밝혀졌다. 현재 생물에서 촉매 작용을 하는 RNA인 리보자임(ribozyme)의 발견은 원시 지구에서 최초로 등장한 물질이 RNA였다는 가설을 지지하는 강력한 증거이다.

리보자임이라는 용어는 RNA의 ribo-와 효소의 영문 명칭인 enzyme의 -zyme을 서로 합성한 것이다. 즉 RNA는 DNA와 단백질 각각이 수행하는 역할, 즉 유전 정보와 효소의 역할을 동시에 수행할 수 있으며, 단백질 없이 스스로 복제할 수 있을 것으로 여겨진다. 과학자들은 불모의 원시 지구에서 최초로 탄생한 물질은 RNA였으며, 유기 물질에서 RNA가 만들어진 뒤 나중에 스스로 복제하고 유전 정보를 전달하는 DNA가 등장했을 것으로 추정하고 있다. 이와 같은 지구 최초의 생물계를 'RNA 세계'라고 부른다.

최초의 'RNA 세계'는 RNA의 기능 가운데 촉매 활성과 유전 정보 전달의 역할을 각각 단백질과 DNA가 대신하면서 현재의 생물계로 대체됐을 것이다. 그렇다고 단백질 또는 DNA에서 생명이 탄생했을 것이라는 가설이 완전히 무시되는 것은 아니다. 현재 단백질 합성 장치나 DNA 합성 장치를 통해 비교적 복잡한 단백질이나 DNA의 합성이 가능하며, 이쪽 역시 생명 탄생으로 이어지는 길 중에 하나임은 틀림없다.

산소를 처음 만든 남세균 5

오늘날 지구상의 생명체에게 '산소'는 없어서는 안 될 중요한 요소이다. 그러나 원시 지구가 탄생했을 때부터 대기 중에 산소가 존재했던 것은 아니다. 그렇다면 지구상에 산소가 생기기 시작한 것은 언제부터이고 또 불모지인 원시 지구에서 어떻게 산소가 만들어질 수 있었던 것일까?

현재 지구에서 발견된 가장 오래된 생명체는 약 35억 년 전의 것으로 오스트레일리아의 한 폐광에서 발견됐다. 이 세포 형태의 생명체는 핵·미토콘드리아·색소체 등의 세포 기관을 갖고 있지 않으며, DNA가 세포질 내에 분산되어 있는 원시적이고 단순한 형태이다. 이러한 세포를 원시 원핵세포(prokaryotes)라고 한다. 원핵세포로 구성된 생물인 원핵생물의 조상이다.

최초의 생명체가 출현할 당시 지구의 대기는 주로 이산화탄소와 질소 등으로 이루어져 있었으며 산소를 포함하고 있지 않았다. 따라서 지구상에 출현한 최초의 생명체는 아마도 유해한 자외선을 피할 수 있는 원시 바다 속에서 탄생했을 것이며, 산소가 없는 상태에서 자라는 혐기성(anaerobic) 원핵세포였을 것이다. 그리고 그들은 화학 진화를 통해 생성된 주변의 유기 물질을 에너지로 이용하는 종속 영양 생물이었을 것이다. 하지만 바다 속의 유기 물질이 점차 고갈됨에 따라 스스로 영양분을 만들 수 있는 독립 영양 생물로 진화했을 것으로 추정된다.

지구상에 등장한 독립 영양 생물은 아마도 원시 지구에 풍부했던 이산화탄소와 물을 이용해 생활에 필요한 에너지를 얻었을 것이다. 처음 출현한 종류는 수소를 이용해 이산화탄소에서 메탄을 합성($CO_2 + H_2 \rightarrow (CH_2O) + CH_4$)하는 세균(박테리아)이었을 것이다. 그 뒤, 황화수소를 이용해 광합성 작용($CO_2 + 2H_2S \rightarrow (CH_2O) + H_2O + 2S$)을 해 유기물을 합성하는 세균이 출현했는데, 이 광합성 작용은 산소를 만들지는 못했다. 당시 지구상에는 이용할 수 있는 수소나 황화수소의 양이 많지 않았기 때문에 광합성 세균은 번성하지는 못했다. 마침내 수소나 황화수소 대신에 지구에 풍부하게 존재하는 물을 분해해 산소를 발생시키는 광합성 활동($CO_2 + H_2O \rightarrow (CH_2O) + O_2$)을 하는 독립 영양 생물인 남세균(cyanobacteria)이 나타나게 됐다.

원시 바다에서 탄생한 남세균은 낮에는 태양 에너지를 이용한 광합성 작용을 통해 산소를 발생시키고, 밤에는 주변의 탄산칼슘 알갱이를 포획한다. 다시 날이 밝으면, 빛을 향해 자라는 성질이 있는 남세균은 포획한 탄산칼슘 알갱이 위에서 광합성 작용을 시작한다. 이런 과정이 반복되면서 포획된 탄산칼슘 알갱이와 남세균

■ 샤크 만에 최근에 형성된
스트로마톨라이트.

이 자란 유기물층은 서로 교호하며 층층이 쌓여 스트로마톨라이트(Stromatolite)로 불리는 줄무늬 암석을 형성했다. 스트로마톨라이트는 원시 바다의 따뜻하고 얕은 물 속에서 살았던 것으로 추정되며, 오늘날 오스트레일리아의 샤크(Shark) 만에서 관찰할 수 있다. 샤크 만에서 성장하는 스트로마톨라이트의 경우 1년에 0.3밀리미터 정도 자란다고 한다.

이제, 남세균의 광합성 활동으로 원시 바다에는 산소가 공급되고 농축되기 시작했다. 생성된 산소는 원시 바다 속에 용해되어 있던 철 이온과 반응해 산화철을 형성하며 바다 속에 퇴적됐다. 오늘날 지구상에 존재하는 철광상의 대부분은 이때 만들어진 것으로 약 20억~25억 년의 나이를 갖는다. 원시 바다 속에 용해되어 있던 철 이온이 다 소비되자, 남세균에 의해 생성되는 산소는 육지로 올라왔다. 육지로 올라온 산소는 처음에는 지표의 철 이온과 결합해 흔히 혈암이라고 불리는 붉은색의 퇴적물을 퇴적시켰다. 지구상에는 이러한 혈암이 많이 관찰되며 약 22억 년의 나이를 갖는다. 약 20억 년 전에는 대기 중에 산소가 존재하기 시작했으며, 이후 대기 중의 산소 농도는 꾸준히 증가했다. 대기 중에 산소가 누적되면서 태양으로부터 오는 유해한 자외선이 차단되기 시작했으며, 결과적으로 산소를 이용할 줄 아는 생명체가 나타나게 됐다.

지구에서 가장 오래된 화석은 오스트레일리아의 필바라(Pilbara) 지역에 분포하는 아펙스 현무암(Apex Basalt)의 처트(chert, 각암)에서 발견됐다. 필바라는 오스트레일리아 서부 하메르스리 산맥을 중심으로 한 하메르스리 분지의 중앙에 있는 지역이다. 발견된 화석은 수 마이크로미터(μm) 크기의 세포와 이 세포의 집합체로 이루어져 있으며 암석은 약 35억 년 정도 된 것이다. 아펙스 현무암에서 산출된 화석은 오늘날의 사상체(Tricome, 실, 사슬 모양으로 배열된 사상세포로 이루어진 미생물)나 원핵생물을 닮았다. 아펙스 현무암에서는 열수 분출공에서만 발견되는 희토류 원소가 많이 함유되어 있으며, 이 같은 사실은 이 암석이 대륙에서 멀리 떨어진 심해 열수 분출공 가까이에서 만들어졌음을 뒷받침한다. 따라서 아펙스 현무암에서 발견되는 화석들은 심해 열수 분출공 주위에서 생활했을 것으로 추정된다. 이 원시 세균들은 오늘날 고온의 광천수나 화산 주위에서도 발견된다. 이곳은 수온이 섭씨 100도를 넘고 산소가 없는 환경임에도 불구하고 독특한 생태계가 발달해 있다.

약 46억 년 전 원시 지구가 탄생한 뒤, 불모의 땅에 '산소'를 불어넣은 것은 바다 속의 남세균이었다. 남세균은 스스로 영양분을 만들 수 있는 독립 영양 생물이었으며, 오스트레일리아의 아펙스 현무암에서 발견된 35억 년 전의 화석은 이러한 독립 영양 생물이었다. 산소를 이용할 수 있게 된 생명체들은 보다 효율적으로 더 많은 에너지를 획득할 수 있게 됐으며, 산소를 이용하지 못하는 생명체와의 경쟁에서 이길 수 있었다. 이후 지구상의 생명체들은 대기 중의 산소 농도의 변화에 영향을 받으며 진화하게 됐다.

다세포 진핵생물의 출현과 죽음의 탄생 {6}

남세균의 광합성 활동을 통해 생성된 최초의 '산소'에 생물들은 어떻게 반응했을까? 원시 지구에 생성된 산소는 초기에는 모든 생물에게 독으로 작용했을 것으로 추정된다. 따라서 어떤 생물은 산소로 인해 죽었으며, 어떤 생물은 산소를 피해 도망쳤고, 어떤 생물은 과감히 산소가 있는 환경에 적응하기 위해 뛰어들었을 것이다. 과연 어떤 방식을 택한 생물이 번성할 수 있었을까?

오늘날 인간은 탄수화물, 지방, 단백질 등을 섭취해 얻은 에너지를 ATP(adenosine triphosphate)라는 형태로 만들어서 사용한다. ATP를 만드는 과정은 세 가지로 정리할 수 있는데, 첫째, 포스포크레아틴(phosphocreatine-PC)을 분해해서 얻는 경우, 둘째, 포도당이나 글리코겐을 분해해서 얻는 경우, 셋째, 신체의 발전소라고 불리는 미토콘드리아에서 얻는 경우를 고려할 수 있다. 이중 첫째와 둘째 방법은 산소가 없는 상태에서도 이루어지는 반응이며, 셋째 방법은 산소가 있어야 이루어지는 반응이다. 세 종류의 반응을 통해 생산되

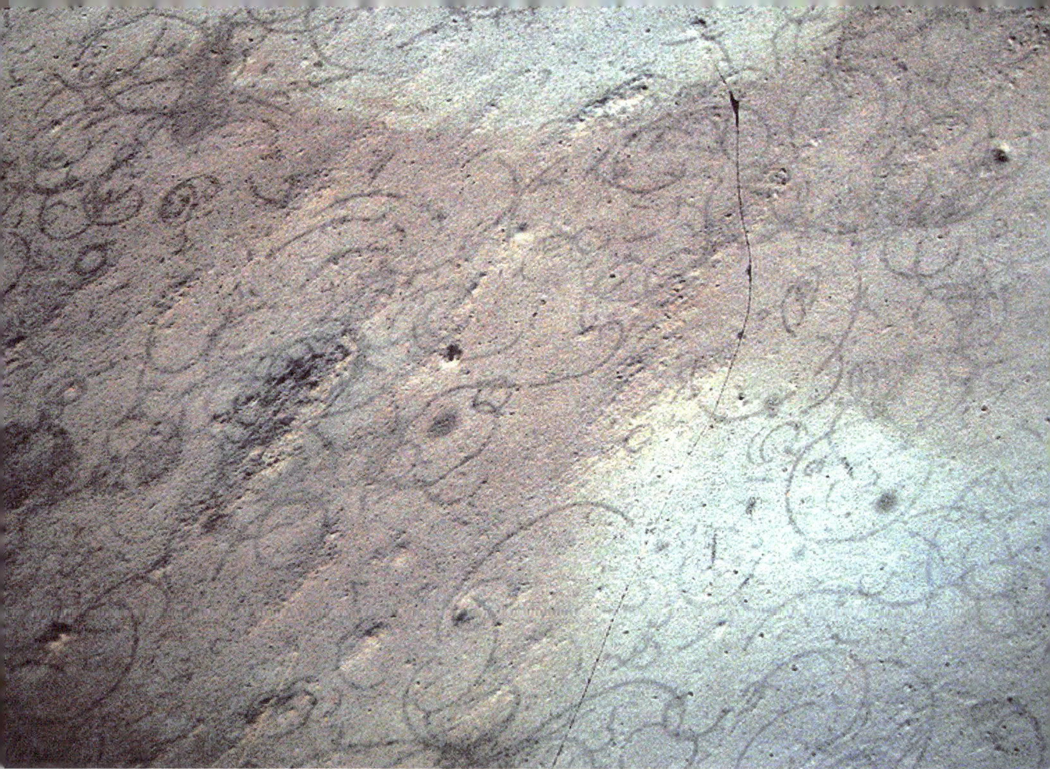

■ 가장 오래된 진핵생물 가운데 하나인 그리파니아 스피랄리스(*Grypania spiralis*)의 화석.

는 에너지의 양을 비교해 보면 셋째 반응이 가장 많은 ATP를 생산한다.

원시 지구에서 마침내 산소를 활용할 줄 알게 된 생물들은 그렇지 못한 생물들에 비해 더 많은 에너지를 얻을 수 있었을 것이다. 이제 원시 지구에는 다양한 종류의 생물들이 생존하게 됐고, 이 생물들은 서로 상호 작용해 좀 더 복잡하고 효율적으로 변했다. 마침내 세포 내에 여러 기관들이 형성되기 시작했다.

세포 내에 여러 기관을 갖는 생물을 진핵생물이라고 한다. 진핵생물 화석으로 가장 오랜 것은 미국 미시간 주의 약 21억 년

된 암석에서 관찰됐다. 그것은 조류(藻類)의 일종으로 그리파니아 (*Grypania*)라는 이름이 붙여졌다. 그리파니아는 다세포 구조를 갖추고 있는데, 이것으로 보아 아마도 이미 21억 년 전에 단세포 진핵생물이 출현했을 것으로 여겨진다.

원핵세포는 어떤 과정을 통해 진핵세포로 진화했을까? 아직까지 이 문제에 대한 연구가 진행 중이지만 미토콘드리아나 엽록체가 독자적인 DNA를 가지고 있는 것으로 볼 때, 아마도 산소를 이용해 효율적으로 ATP를 생산하던 호기성 원핵세포가 산소 호흡을 하지 않던 혐기성 원핵세포 속으로 들어가 함께 살면서 원시 진핵세포로 발전했을 것이라고 추측된다. 또한 혐기성 원핵세포 속으로 들어간 호기성 원핵세포는 산소 호흡을 하기 때문에 혐기성 원핵세포에게는 독으로 작용했고, 혐기성 원핵세포는 자신의 유전 물질(DNA)을 보호하기 위해 자연스럽게 핵막을 발달시켰다고 여겨진다. 따라서 현존하는 진핵세포는 모두 공생체를 이룬 세포의 자손이라고 생각된다. 이렇게 생긴 원시 진핵세포에 광합성을 하는 세균이 공생해 색소체(엽록체)가 된 것이 식물의 조상이다.

이처럼 여러 원핵세포가 한데 모여서 하나의 진핵세포를 이루었다는 진핵세포 진화 가설을 '공생설'이라고 한다. 최초로 출현한 진핵세포는 단세포였지만 점차 진화해 마침내 다세포 진핵생물이 출현하게 됐다. 다세포 진핵생물의 기원은 아직까지 수수께끼지만, 아마도 단세포 진핵생물들이 집단을 이루어 살면서 각 세포가 유기적으로 연계되어 다세포 생물로 진화했다고 여겨진다.

코아노플라젤라테스(choanoflagellates)라는 원핵생물은 다세포 진핵생물의 하나인 해면동물에서 음식을 모으는 역할을 하는 세포인 코아노키테스(choanocytes)와 거의 똑같고, 코아노플라젤라테스 중 어떤 종은 집단을 형성하는 경향이 있기 때문에, 현재 살아 있는 생물 중에서 다세포 동물의 기원을 알 수 있는 좋은 예가 된다고 여겨져 왔다. 최근에 하워드 휴즈 의학 연구소(Howard Hughes Medical Institute, HHMI)의 션 캐럴(Sean B. Carroll) 박사 연구팀은 코아노플라젤라테스에서 보통 다세포 동물이 지니고 있는 분자 센서의 일종인 '티로신 키나제(receptor tyrosine kinase)'를 단세포 개체에서는 최초로 발견하면서 이런 추측을 뒷받침하고 있다.

단세포와 다세포 생물의 번식 방법을 비교해 보면 재미있는 사실이 발견된다. 일반적으로 단세포 생물은 자신의 몸을 둘로 나누어 번식하는 방법인 이분법이나 출아법을 통해 번식한다. 따라서 이들은 자신의 유전 형질 전체를 후손에게 전달할 수 있었으며, 엄밀한 의미에서 '죽음'도 없었다. 반면 다세포 생물은 유성 생식을 통해 후손을 번식시키므로 생식 세포 이외의 다른 세포들은 개체 차원에서 죽음을 맞이하게 된다. 이것은 원시 지구에 다세포 생물이 출현하면서 죽음이 탄생했음을 의미한다.

또한, 단세포 생물의 세포는 '세포 자살(apoptosis)'을 하지 않지만 다세포 생물의 세포는 세포 자살을 한다. 세포 자살이란 세포의 수명이 다 됐거나 세포가 병에 걸렸을 때 주위 세포에 해를 주지 않고 자연스럽게 자신만 죽음으로써 생체를 보호하는 현상이다. 단세

포 생물인 경우 세포 자살은 결국은 개체의 죽음을 의미하기 때문
에 세포 자살을 하지 않지만, 다세포 생물에게 세포 자살은 개체에
게 매우 이롭고 필요한 과정인 셈이다. 아무튼 다세포 생물의 탄생
은 지구에 죽음을 가져온 것이다.

화석으로 지질 시대를 구분하는 법

화석은 인류가 지구상에 출현하기 훨씬 전부터 존재해 왔다. 그러나 화석이 지질학적 도구로서 그 중요성이 명백해진 것은 1700년대 후반과 1800년대 초반 사이에 이르러서이다.

18세기 후반에 유럽의 지질학자들은 지구상에 분포하는 암석들을 생성된 시대순으로 구분하기 위해 노력했다. 1756년 독일의 광물학자이자 지질학자인 요한 레만(Johann G. Lehmann)은 암석을 오래된 것부터 제1기층, 제2기층 그리고 하성층으로 구분했다. 제1기층은 화강암과 편마암 등 결정질 암석들을 포함했으며, 제2기층은 화석을 포함하는 단단히 굳은 퇴적암이며, 하성층은 토양과 자갈을 포함하는 퇴적물이었다. 1760년 이탈리아 지질학의 아버지라고 불리는 조반니 아르두이노(Giovanni Arduino)는 암석을 제1기층, 제2기층, 제3기층 그리고 화산암으로 구분했다. 제1기층은 산의 중심부를 이루는 결정질 암석이며, 제2기층은 퇴적암, 제3기층은 단단히 굳지 않은 퇴적물, 그리고 화산암은 분출화산암을 포함했다.

이 시기에는 단순히 암석이 쌓인 상대적인 순서와 화석의 유무만을 근거로 암석을 생성된 시대순으로 구분했다. 그러나 좁은 지역에서는 특징적인 색깔이나 퇴적 입자를 포함한 암석을 바탕으로 암석들 사이의 선후 관계를 서로 비교하는 것이 가능하지만, 암석이 연속적으로 노출되어 있지 않거나 서로 멀리 떨어져 있는 경우 암석들을 대비하거나 상대적인 선후 관계를 파악하는 일은 매우 어려웠다. 따라서 단순히 암석이 쌓인 상대적인 순서와 화석의 유무만을 근거로 암석을 생성된 시대별로 구분하는 것은 매우 불완전했다.

멀리 떨어진 지역에 분포하는 암석을 서로 대비하는 작업이 어려움에 빠져 있던 1700년대 후반에, 영국의 윌리엄 스미스(William Smith)는 운하를 건설하는 일을 담당하고 있었다. 이 일은 암석에 대한 자세한 지식을 요구하는 일이었다. 따라서 스미스는 운하를 건설하려는 지역의 암석을 자세히 관찰하게 됐다. 이 과정에서 그는 암석에서 발견되는 화석들이 하부에서 상부에 이르기까지 일정한 순서를 가지면서 발견된다는 것을 알게 됐다. 즉 암석에서 산출되는 화석들을 하부로부터 차례로 관찰해 보면 화석은 아무렇게 배열되어 있지 않으며 규칙성을 가지면서 산출되는 것을 알 수 있었다. 화석이 시간의 흐름에 따른 생물의 변천을 기록하고 있다는 것을 발견하게 된 것이다.

예를 들어, 삼엽충 화석은 화석 기록의 초반에 인지되며 상부로 가면서 연속적으로 어류 화석, 파충류 화석 그리고 포유류 화석이 인지된다. 이 같은 주요한 생물군의 천이(succession)는 모든 대륙에서 발견되며, 따라서 스미스는 멀리 떨어진 지역에 분포하는 퇴적암들이 그 속에 포함되어 있는 특징적인 화석에 따라 인지되고 서로 대비될 수 있다는 것을 알아차렸다.

암석 속에 화석이 포함되어 있으며 그 화석군의 내용이 변화한다는 사실이 알려지면서 보다 과학적인 방법으로 암석을 생성된 시대순으로 구분할 수 있게 되었다. 지질 연대표는 46억 년의 지구의 역사를 지질 시대에 따른 생물의 변천을 바탕으로 구분한 것이다. 현재 이용되는 지질 연대표는 19세기에 이르러 확립됐다. 이때에는 방사성 동위 원소를 이용한 암석의 연대 측정 방법이 알려지기 전이었으므로, 암석 속에 포함된 화석군의 내용과 암석의 상대적인 선후 관계를 바탕으로 지질 연대표가 만들어졌다. 방사성 동위 원소를 이용해 측정한 암석의 절대 연령이 지질 연대표에 추가된 것은 20세기에 이르러서이다.

지구상에는 다양한 시기에 형성된 암석들이 존재한다. 약 40억 년 전에 형성된 암석이 있는가 하면, 불과 몇 만 년 전에 쌓인 퇴적물도 있다. 지질학자들은 암석 속에서 지구가 탄생한 이후부터 지금까지 겪어 온 수많은 사건들에 대한 정보를 얻어 낸다. 그러나 지질학자들이 지구의 역사에 대해 얻어 내는 정보의 양은 과거로 거슬러 올라갈수록 더 적어진다. 이것은 최근의 사건들에 대한 자료와 정보는 풍부하지만 과거로 거슬러 올라갈수록 기록과 실마리들은 사라져 버리기 쉽기 때문이다.

2부
생명 대폭발

절대 시간을 정하는 화석

오늘날 우리는 여러 단위의 지질 시대 이름을 사용하고 있다. 가장 광대한 시간을 표현하는 것은 '이언(Eon)'으로 46억 년의 지구 역사는 은생 이언 또는 선캄브리아 시대와 현생 이언으로 나뉜다. 현생 이언은 고생대, 중생대, 신생대처럼 더 작은 단위로 세분되며, 각각의 '대(代, Era)'는 캄브리아기와 오르도비스기처럼 '기(紀, Period)'로 세분된다.

'기'는 소규모의 생물 형태의 변화를 바탕으로 나뉘는데 각각의 대를 구성하는 '기'는 다음과 같다. 고생대는 캄브리아기, 오르도비스기, 실루리아기, 데본기, 석탄기 그리고 페름기의 6개의 기로, 중생대는 트라이아스기, 쥐라기 그리고 백악기의 3개의 기로, 그리고 신생대는 제3기와 제4기의 2개의 기로 나뉜다. 기는 '세'라고 불리는 더 작은 단위들로 구분되며 신생대에는 7개의 세가 있다.

그렇다면 캄브리아기, 오르도비스기, 실루리아기라는 이름들은 어떻게 제안됐을까. 1831년 영국의 애덤 세지윅(Adam Sedgwick)과로더릭 머치슨(Roderick Murchison)은 웨일스 지방의 중간암(Transition rocks)에 대한 조사를 시작했다. 북웨일스 지방에 분포하는 퇴적암과 화산암을 조사했던 세지윅은 1835년 이 암석들에 대해 캄브리아기(Cambrian Period)라는 이름을 제안했다. Cambria는 로마 시대 웨일스 지방을 부르는 이름이었다. 한편 남웨일스 지방을 조사했던 머치슨은 조사 지역의 암석에 대해 실루리아기(Silurian Period)라는 명칭을 주었다. Silures는 옛날에 웨일스 지방에 살았던 종족의 이름이었다.

그런데 세지윅이 제안한 캄브리아기의 상부와 머치슨이 제안한 실루리아기의 하부가 서로 중첩된다는 것이 밝혀지면서, 두 연구 그룹은 중첩되는 부분을 어떻게 처리할 것인가에 대한 논쟁을 시작했다. 40년이 흐른 1879년 찰스 래프워스(Charles Lapworth)는 중첩되는 부분에서 필석이라고 불리는 화석이 산출되며, 이 화석을 통해 중첩되는 부분을 따로 구분하는 것이 가능하다고 제안했다. 그는 웨일스 지방에 살던 또 다른 종족의 이름인 Ordovices를 근거로 중첩되는 부분을 오르도비스기(Ordovician Period)로 부를 것을 제안했다. 이로써 오랜 기간 동안의 논쟁에 종지부를 찍게 됐다.

데본기라는 이름을 처음 제안한 것도 머치슨과 세지윅이다. 머치슨과 세지윅은 1837년 영국의 데본셔(Devonshire) 지방의 석탄층 아래에 있는 지층이 외견상 웨일스 지방의 중간암과 유사하지만, 산호 화석의 내용이 하부의 실루리아기와 상부의 석탄기의 중간 단계에 해당하는 것임을 알고 데본기(Devonian Period)라는 이름을 제안했다.

석탄기라는 이름을 처음 제안한 것은 1822년 영국의 윌리엄 코니베어(William Coneybeare)와 윌리엄 필립스(William Phillips)이다. 그들은 석탄층을 포함하는 지층에 대해 석탄기(Carboniferous Period)라는 이름을 붙이자고 제안했다.

페름기라는 이름은 1841년 머치슨이 러시아 황제의 초청으로 우랄 산맥 부근의 페름(Perm) 지방을 조사하던 중에 제안한 것이다. 머치슨은 그 지역의 화석이 석탄기와 트라이아스기에서 산출되는 화석의 중간 단계를 보여 주는 것을 알고 페름기(Permian Period)라고 이름 붙였다.

트라이아스기는 1834년 독일의 지질학자 프리드리히 아우구스트 폰 알베르티(Friedrich August von Alberti)가 독일 중부 지역에 분포하는 암석이 적색층, 석회암 그리고 적색층의 세 부분으로 구분됨을 알고 트라이아스기(Triassic Period)라는 이름을 제안했다.

할리우드 영화 제목으로도 유명한 쥐라기라는 이름은 1799년 독일의 알렉산더 폰 훔볼트(Alexander von Humboldt)가 지었다. 그는 프랑스와 스위스 사이에 위치한 쥐라(Jura) 산의 절벽을 이루고 있는 석회암 절벽을 보고 그 지층이 형성된 지질학적 시기를 쥐라기(Jurassic Period)라고 부르자고 제안했다.

공룡이 지구를 지배한 마지막 시대인 백악기라는 이름은 1822년 벨기에의 도말리우스 할로이(d'Omalius d'Halloy)가 지었다. 그는 도버 해협 양쪽에 절벽을 이루고 있는 백색의 석회암을 백악기(Cretaceous

Period)에 형성된 암석이라고 명명했다. Creta는 라틴 어로 백악(chalk)을 뜻한다.

1760년 이탈리아의 아르두이노는 암석을 제1기층, 제2기층, 제3기층 그리고 화산암으로 구분했다. 이중 제3기층은 단단히 굳지 않은 퇴적물에 대해서 사용하기 시작했으며, 연구가 진행되면서 제1기층과 제2기층은 더 이상 사용되지 않은 반면 제3기(Tertiary Period) 층은 기의 단위로 계속 사용됐다.

1829년 프랑스의 줄 데스노예르(Jules P. F. S. Desnoyers)는 단단하게 굳지 않은 퇴적물을 제4기(Quaternary Period) 암석이라고 부르기 시작했으며, 현재는 빙하기 이후에 쌓인 퇴적물에 대해 사용하고 있다.

은생 이언 또는 선캄브리아 시대는 지구가 형성된 뒤부터 5억 4200만 년 전까지의 기간을 가리킨다. 선캄브리아 시대는 지구 역사의 88퍼센트를 차지할 정도로 광대하지만 이 시기의 역사에 대해서는 그리 자세히 알려져 있지 않다. 현생 이언은 눈으로 관찰할 수 있는 생물(화석)이 암석 속에 존재하는 시기를 의미하며 5억 4200만 년 전부터 시작된다.

지질 시대의 이름이 어느 정도 완성된 1841년 영국의 존 필립스(John Philips)는 각각의 기들을 묶어서 '과거 생물'을 의미하는 고생대(Paleozoic Era), '중간 생물'을 의미하는 중생대(Mesozoic Era), 그리고 '현대 생물'을 의미하는 신생대(Cenozoic Era)로 부를 것을 제안했다. 각 명칭에 '생물'이 들어 있는 것은 화석을 기준으로 각각의 대를 구분했음을 보여 준다.

고생대에 번성했던 생물은 현재는 살아남아 있지 않은 옛날 생물인 반면 신생대에 번성했던 생물은 오늘날에도 우리 주변에서 쉽게 관찰할 수 있는 현대 생물이다. 중생대에 번성했던 생물은 고생대와 신생대의 중간 단계에 해당하는 중간 생물이었다.

19세기 초에 과학자들은 전 세계적인 규모로 발생한 사건, 예를 들어, 조산 운동과 부정합의 형성에 따라 각 시대의 암석이 구분될 수 있다고 생각했으며, 이것을 바탕으로 암석이 형성된 지질 시대의 이름을 제안했다. 그러나 연구가 진행되면서 전 세계적인 영향을 미칠 정도로 규모가 큰 사건은 거의 일어나지 않았으며, 지역마다 사건이 일어난 시기와 규모가 다르다는 것이 밝혀졌다. 따라서 전 세계적인 규모로 일어난 사건에 따라 암석을 구분하는 것은 의미가 없어졌다. 오늘날 지질 시대의 구분은 암석에 포함되어 있는 화석의 변화 양상을 바탕으로 구분되어야 한다고 생각하고 있으며, 아직까지도 좀 더 정확한 지질 시대를 정하기 위해 많은 과학자들이 노력하고 있다.

예를 들어, 캐나다 뉴펀들랜드 지역에 잘 보존되어 있는 선캄브리아 시대와 캄브리아기의 경계 지점은 껍질을 가지는 생물(small shelly fossil)이 처음으로 출현하는 지점에 따라 결정됐다. 그동안 방사성 동위 원소를 이용한 암석의 연대 측정 기술의 발달로 경계 지점의 암석의 나이는 5억 4200만 년으로 밝혀졌으며, 이것은 5억 4200만 년 전부터 캄브리아기가 시작됨을 의미한다.

몇 년 전만 하더라도 캄브리아기는 6억 년 전 혹은 5억 7000만 년 전에 시작되는 것으로 이해되었다. 마찬가지로 캄브리아-오르도비스기의 경계는 부유성 필석 화석이 처음 출현하는 층준(層準)의 직하부에서 산출되는 코노돈트 화석군의 특징 중 하나를 선정해 결정하자고 1985년에 의결됐으며, 2001년에 이아페타그노스투스 플룩티바구스(*Iapetagnostus fluctivagus*)라는 코노돈트가 처음으로 출현하는 지점을 캄브리아-오르도비스기의 경계로 정할 것이 결정됐다. 국제적으로 캄브리아기와 오르도비스기의 경계부가 잘 보존된 지역은 캐나다 뉴펀들랜드 지역이며, 이 지역의 캄브리아기와 오르도비스기의 경계 지점에 대한 방사성 동위 원소를 이용한 연도 측정 결과는 4억 8800만 년 전부터 오르도비스기가 시작됨을 알아냈다. 예전에는 5억 500만 년 전에 오르도비스기가 시작된다고 생각했었다.

오늘날 지질학자들은 46억 년의 지구의 역사를 화석의 변화 양상을 바탕으로 정확히 구분하기 위해 노력하고 있다. 지질학자들의 노력으로 이제 우리는 각 지질 시대가 시작되는 시기와 끝나는 시기를 명확히 알 수 있게 됐다.

<h1 style="text-align:center;color:#e8476a">지질 시대에 따른 주요 지질학적 사건</h1>

이언(Eon)	대(Era)	기(Period)	100만 년 전	주요 사건
현생 이언 (Phanerozoic)	신생대 (Cenozoic)	제4기 (Quaternary)	2	빙하기
		제3기 (Tertiary)	65	기후의 한랭화 인류의 출현 말, 소, 코끼리 등 포유류의 번성
	중생대 (Mesozoic)	백악기 (Cretaceous)	145	공룡과 암모나이트의 멸종　　　대량 멸종 속씨식물의 출현
		쥐라기 (Jurassic)	199	새의 출현 공룡과 암모나이트의 번성
		트라이아스기 (Triassic)	251	공룡, 포유류의 등장　　　대량 멸종 은행, 소철 등 겉씨식물의 번성
	고생대 (Paleozoic)	페름기 (Permian)	299	삼엽충, 방추충 등 고생대 생물의 멸종 대량 멸종 빙하기
		석탄기 (Carboniferous)	359	대규모 삼림(석탄층)의 형성 양치식물의 시대 파충류의 출현
		데본기 (Devonian)	416	대량 멸종 양서류의 출현 곤충의 등장
		실루리아기 (Silurian)	443	육상 동물(거미류)의 등장 관속식물의 출현
		오르도비스기 (Ordovician)	488	대량 멸종 육상 식물(선태식물)의 출현 산호의 등장
		캄브리아기 (Cambrian)	542	척추동물(어류)의 출현(5억 3000만 년 전) 골격을 가진 다양한 무척추 동물 출현 (삼엽충, 완족동물 등)
은생 이언 (Cryptozoic)	원생대 (Proterozoic)	후기 원생대	1000	다세포 동물의 출현(에디아카라 화석군) 대기 중 산소 함량: 현재의 10퍼센트
		중기 원생대	1600	
		전기 원생대	2500	대기 중 산소의 존재 원생생물 출현(21억 년 전) 호상철광층 형성
	시생대 (Archaean)		4000	가장 오랜 화석(35억 년 전) 가장 오랜 암석
	명왕대 (Hadean)		4600	지구의 탄생

생명의 대폭발

8

다세포 동물(단세포 원생동물을 제외한 다세포 동물을 후생동물(後生動物, metazoan)
이라고 한다.)은 약 5억 7000만 년 전의 암석인 오스트레일리아 남부의
에디아카라 언덕에서 1946년에 최초로 발견됐는데, 흔히 에디아카
라 화석군으로 불린다.

에디아카라 화석군은 골격을 지니지 않는 기묘한 모양의 생물들
로 오늘날의 극피동물, 절지동물, 해파리, 바다조름, 강장동물 등과
관계가 있을 것으로 여겨진다. 에디아카라 화석군과 비슷한 화석
들은 오스트레일리아, 영국, 중국, 러시아, 스칸디나비아 등지에서
발견되고 있다. 이 생물들은 5억 4200만 년 전 캄브리아기가 시작
하기 직전에 갑작스럽게 멸종했다.

오늘날 과학자들은 생물이 골격을 가질 수 있는 대기 중의 산
소 함량은 현재 수준의 10퍼센트 이상으로 생각하고 있다. 즉 5억
4200만 년 전 이후부터 대기 중의 산소 함량은 현재 수준의 약 10퍼
센트에 달했다고 알려져 있으며, 이 같은 산소 함량의 증가가 생물

■ 에디아카라 화석군의 화석.

의 진화를 촉진시켜 지구상의 생명들은 골격을 지닐 수 있는 환경을 갖게 된 것으로 여겨진다. 또한 신캄브리아 시대 밀에 빙하기가 끝나면서 해수면이 상승했고 이것으로 인해 얕은 바다가 넓게 펼쳐져 생물이 살기에 적합한 환경이 만들어져 부분적으로 생물의 진화를 촉진시켰다고 여겨진다.

흔히 선캄브리아 시대와 캄브리아기는 골격을 지니는 생물이 최초로 출현한 시점을 기준으로 나뉘는데 현재는 5억 4200만 년 전을 그 경계로 생각하고 있다. 5억 4200만 년 전부터는 육안으로 관찰이 가능한 생물들이 출현하기 시작했기 때문에 흔히 '눈에 보이는 생명'을 의미하는 현생 이언으로 불린다. 현생 이언에 들어서면서 생물의 양은 폭발적으로 증가했으며, 다양한 진화 실험이 이루어졌다. 첸장 화석군과 버제스셰일 화석군은 캄브리아기에 생명이 폭발적으로 증가했음을 보여 주는 대표적인 화석군이다.

1984년 후셴광(侯先光) 교수는 중국 남서부 윈난 성의 첸장(澄江)에서 캄브리아기 초에 살았던, 예외적으로 매우 잘 보존된 연체동물 화석군을 발견했다. 이 화석군의 발견으로 첸장이라는 조그만 마을은 전 세계적으로 유명해졌다. 첸장 화석군으로 명명된 이 화석군에는 기기묘묘한 온갖 형태의 생물들이 가득했다. 그들은 5억 1500만 년 전부터 5억 2000만 년 전까지 살았다. 중국의 첸장 화석군은 캐나다에서 발견된 버제스셰일 화석군보다 1000만 년 또는 1500만 년 정도 시간적으로 앞선다. 첸장 화석군의 생물들은 예외적으로 보존이 잘 되어 있기 때문에 초기 생물의 기원, 진화 그리고 생태 연구에 대한 단서를 제공해 줄 것으로 여겨진다.

1909년 미국의 고생물학자인 찰스 월컷(Charles D. Walcott)은 캐나다 브리티시컬럼비아 주 요호 국립 공원 중앙에 위치한 버제스 산에서 기묘하고 독특한 화석들을 최초로 발견했다. 버제스셰일 화석군으로 불리는 이 화석들은 그 후 월컷에 의해 수만 점이 채집되어 당시 그가 관장으로 있던 미국 스미스소니언 박물관으로 옮겨졌으며, 1960년대에 이르러 본격적으로 연구되기 시작했다.

버제스셰일 화석군은 주로 삼엽충 같은 절지동물과 환형동물로 이루어져 있었지만, 다른 생물과의 연관 관계를 파악할 수 없는 생

■ 버제스셰일의 고생물들. 대폭발이라고
할 만큼 다양한 형태의 생명이 탄생했다.

물들도 많이 있었다. 마치 진화의 실험장 같았다. 5개의 눈을 지닌 오파비니아(*Opabinia*), 볼록한 머리와 등에 한 줄의 가시를 지닌 할루시게니아(*Hallucigenia*), 비늘로 덮인 등에 짝을 이루는 가시를 지닌 위왁시아(*Wiwaxia*) 등이 바로 그 주인공이다. 이들이 잘 보존된 이유는 무엇일까? 그것은 진흙 제방에 모여 살던 이 생물들이 갑작스러운 사태에 의해 순식간에 매몰됐기 때문이다.

캄브리아기의 생명 대폭발이 일어나는 동안 다양한 동물의 형태가 실험됐다. 이중 어떤 형태는 현재까지 살아남았지만, 거의 대부분의 동물들은 사라졌다. 생명 대폭발 기간에 탄생한 피카이아(*Pikaia*)라는 동물은 빠르게 헤엄치는 데 이용할 수 있는 척색을 갖고 있었으며, 오랜 세월 동안 다양한 진화의 과정을 거쳐 인간으로 진화할 수 있었다. 캄브리아기의 다양한 진화 실험이 일어나지 않았다면 인간은 오늘날 지구상에 존재하지 않을지도 모른다.

5억 년 전 바다의 지배자, 삼엽충

1998년 캐나다 마니토바에서는 지금까지 발견된 삼엽충 중 가장 큰 표본이 발견됐다. 이 삼엽충은 약 4억 4500만 년 전 바다에서 살았던 것으로, 크기가 71센티미터에 이르렀으며 이전에 알려진 가장 큰 표본보다도 1.7배 큰 것이었다. 당시 발굴에 참여했던 마니토바 대학교의 밥 엘리아스(Bob Elias) 교수는 놀라움을 감추지 못하며 이 표본을 가리켜 "거대한 벌레"라고 불렀다.

삼엽충(三葉蟲, trilobite)은 오늘날 지구상에 존재하는 동물 중 가운데 84퍼센트를 차지하는 절지동물 중 가장 먼저 지구상에 출현한 동물로, 말하자면 오늘날의 게, 새우, 전갈, 곤충 등의 조상인 셈이다. 삼엽충은 5억 4200만 년 전인 고생대 캄브리아기 초에 최초로 출현해 약 1억 년 동안 바다를 지배하다가, 실루리아기 이후 쇠퇴하기 시작해, 마침내 약 2억 5100만 년 전인 페름기 말에 지구상에서 완전히 사라졌다. 몸의 크기는 대부분 3센티미터와 10센티미터 사이지만, 작은 것은 수 밀리미터에서 큰 것은 70센티미터에 이른다.

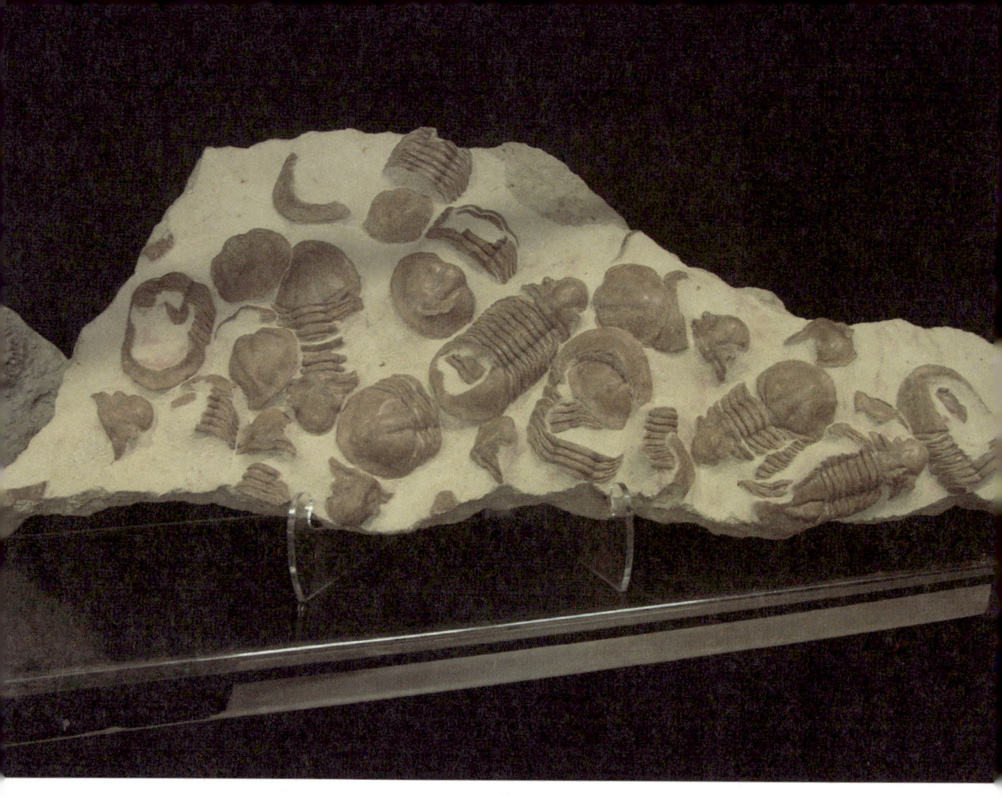

■ 삼엽충들의 화석.

삼엽충은 크게 머리, 몸통, 꼬리로 구분되는데, 보통 이것 때문에 삼엽충이라는 이름이 붙었다고 잘못 알고 있다. 그러나 삼엽충이라는 이름은 몸이 세로로 중앙의 축엽과 좌·우 늑막엽의 세 부분으로 구분되는 점에서 유래된다. 삼엽충의 머리에는 감각 기관인 한 쌍의 촉각과 눈 등이 위치한다. 삼엽충은 이 눈을 이용해 360도로 물체를 볼 수 있는데 이것은 삼엽충의 눈이 오늘날의 곤충과 마찬가지로 수십 개의 독립된 렌즈들이 둥글게 모여서 하나의 커다란 눈을 형성한 복안이기 때문이다.

삼엽충의 몸은 2~40개의 마디로 이루어져 있어서 유사시 몸을 구부리거나 동그랗게 감을 수도 있다. 꼬리는 보통 반원형이며 가장자리에는 가시가 발달하기도 한다. 삼엽충의 외골격은 오늘날 곤충의 외골격을 이루는 성분과 동일한 키틴질이었을 것으로 추정되지만, 대부분 화석화 작용을 통해 방해석으로 치환되어 산출되고 있다.

삼엽충은 알을 낳았으며, 알에서 부화한 유충들은 탈피(脫皮)를 통해 성장했다. 탈피란 단단한 외골격 안에 들어 있는 연체부가 충분히 커졌을 때 기존의 외골격을 벗어 버리고 생장하는 것을 말한다. 화석으로 발견되는 삼엽충들은 대부분 탈피하고 남은 껍질이 화석화된 것이다.

삼엽충은 바다에서 살았던 무척추동물이지만 종류에 따라 생활 환경은 달랐을 것으로 추정된다. 마디의 수가 적고 눈이 없는 종류인 아그노스티드(agnostid) 종류는 주로 바다 속에서 떠다니며 생활했을 것으로 여겨지지만, 마디수가 많은 대부분의 폴리메리드(polimerid) 삼엽충은 해저를 기어 다니며 생활했을 것이다. 아직 삼엽충의 조상이 무엇인지는 명확히 밝혀지지 않았지만, 과학자들은 초기에 나타난 삼엽충들의 마디가 많고 꼬리가 작은 점을 근거로 삼엽충이 환형동물에서 유래됐을 것으로 추정하고 있다.

삼엽충은 캄브리아기 초에 지구상에 출현하자마자 폭발적인 양상으로 진화를 거듭해 지구 전체를 뒤덮었다. 지금까지 전 세계적으로 1500속, 1만 5000종 이상이 보고됐다. 삼엽충은 특히 캄브리아기에 매우 빠르게 진화해 이 시기에만 600속 이상이 보고됐으며

■ 여러 종류의 삼엽충들.

따라서 캄브리아기를 '삼엽충의 시대'라고도 부른다.

우리나라에서는 강원도 남부, 즉 태백, 영월, 단양, 문경 지역에 분포하는 캄브리아-오르도비스기에 퇴적된 암석에서 약 200종의 삼엽충이 발견됐다. 삼엽충은 바다에서 살았던 해양 생물이므로 삼엽충이 산출되는 강원도 남부 지역은 캄브리아-오르도비스기인 약 5억 년 전에는 바다였음을 알 수 있다. 또한 강원도의 위치도 현재와 매우 달랐는데, 연구에 따르면 이 시기에 강원도 지역은 북중국 내륙과 힘께 하나의 독립된 대륙을 이루며 저도 부근에 있었던 것으로 추정된다. 당시 강원도의 퇴적 환경은 여울과 석호를 지니는 대륙붕 환경으로 추정되며, 대륙 가장자리의 따뜻한 얕은 바다에는 석회암이 퇴적됐고, 이곳에 삼엽충을 비롯해, 필석, 완족동물, 두족류, 해백합 등 다양한 생물이 번성했다.

삼엽충은 고생대의 대표적인 화석으로 오늘날 절지동물의 조상이며, 현재까지 알려진 절멸한 절지동물 중 가장 다양한 형태를 갖는 것으로 알려저 있다. 캄브리아기 초에 출현한 초기의 삼엽충은 다양한 형태로 빠르게 진화했기 때문에 각 시대별로 특징적인 종류로 발전할 수 있었다.

이상한 새우, 아노말로카리스 10

아노말로카리스(*Anomalocaris*)는 '이상한 새우'라는 뜻을 가진 생물로, 지구상에 출현한 최초의 포식 동물이다. 아노말로카리스는 1886년 캐나다 록키 산맥의 스티븐 산에서 발견된 뒤 1892년 조지프 화이터브스(Joseph F. Whiteaves)가 처음 이름을 지었다. 발견 초기에는 완전한 형태로 발견되지 않고 부분적으로만 발견되었기 때문에, 아노말로카리스의 입은 해파리 화석으로, 아노말로카리스의 집게발은 새우의 몸체로 여겨졌다. 화이터브스가 최초로 발견한 것도 아노말로카리스의 집게발이었다. 화이터브스는 이것을 '새우의 배와 꼬리'로 생각해 이름을 '이상한 새우'로 지었다.

해파리 모양의 화석은 마치 파인애플을 잘라 놓은 듯한 모습에, 가운데에 둥근 구멍이 뚫려 있고, 그곳에 이빨과 비슷한 돌출부를 지니고 있어서, 먹이 생물 위로 올라가서 먹이 생물을 포식하는 해파리라고 추측하게 됐다. 새우 모양의 화석 형태는 새우의 꼬리와 비슷했지만, 머리에 해당되는 부분이 전혀 발견되지 않았고, 또 새우의 꼬리 부분이라면 당연히 존재해야 할 소화 기관이 발견되지 않아 조심스럽게 절지동물의 다리일지도 모른다고 추측하게 됐다.

1981년 해리 휘팅턴(Harry B. Whittington)과 데릭 브릭스(Derek E. G. Briggs)는 월컷이 버제스셰일에서 채집한 표본들을 조사하고 세심히 손질하는 과정에서, 둥근 해파리 모양의 화석과 이제껏 새우라고 믿었던 화석이 서로 연결되어 있는 것을 최초로 발견했다. 이로써 이전까지 별개의 다른 화석으로 여겨졌던 화석은 하나의 화석임이 확인됐으며, 완전한 모습은 아니었지만 처음으로 아노말로카리스의 모습을 확인하게 됐다. 즉 둥근 해파리 모양은 아노말로카리스의 입으로 그리고 머리 없는 새우 모양은 아노말로카리스의 집게발로 확인된 것이다.

휘팅턴과 브릭스는 아노말로카리스에 대한 자세한 연구를 통해 아노말로카리스는 크기가 60센티미터 정도인 포식자로 캄브리아기에 살았던 동물 중 가장 거대했는데, 두 눈은 옆으로 튀어나와 있으며, 둥근 입은 머리 아랫부분에 달렸으며, 입 앞에 달린 2개의 집게발은 먹이를 입으로 옮겨 주는 역할을 하고, 지느러미는 헤엄치기 위한 것이라고 추정했다.

최근 연구에 따르면 아노말로카리스는 총 14쌍의 지느러미를 지니고 있는데 각 지느러미들은 서로 파도타기를 하는 것처럼 리듬을 가지고 연속적으로 움직이며, 지느러미를 이용해 전진하거나 후진할 수 있었던 것으로 추정된다. 또한 아노말로카리스의 입은 매우 특이해서 오늘날의 어떤 동물의 입과도 비교할 만한 대상이

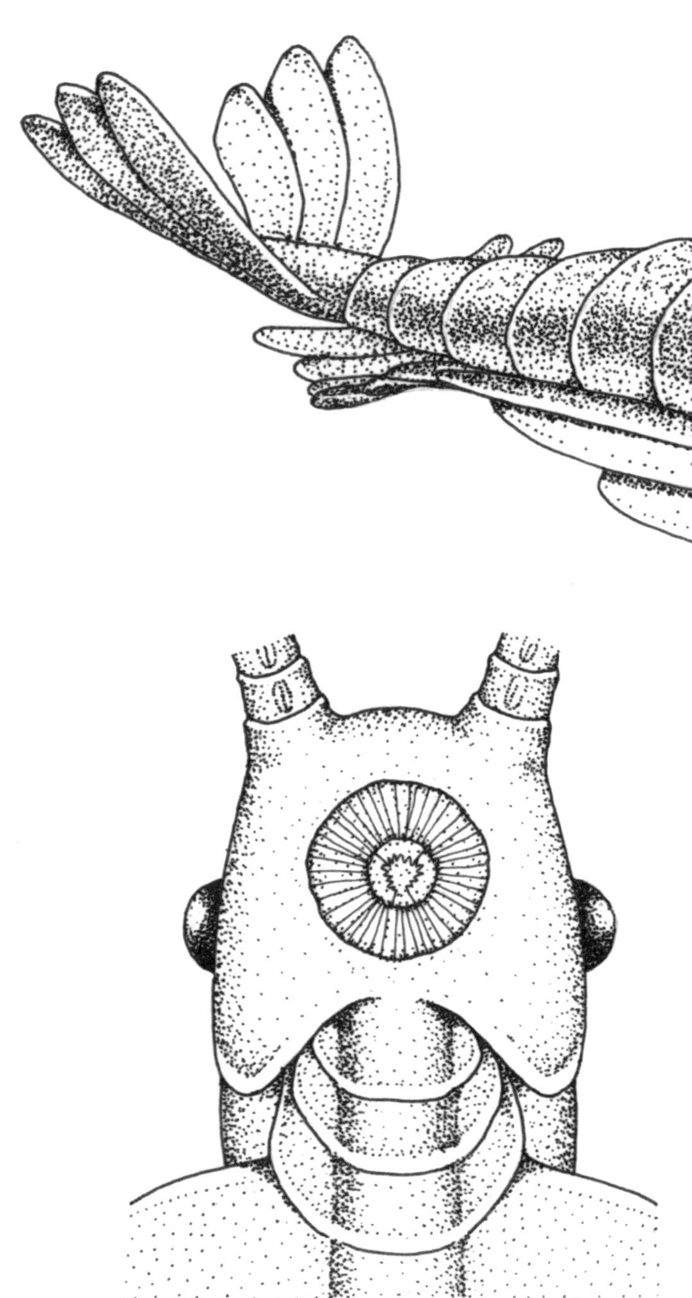

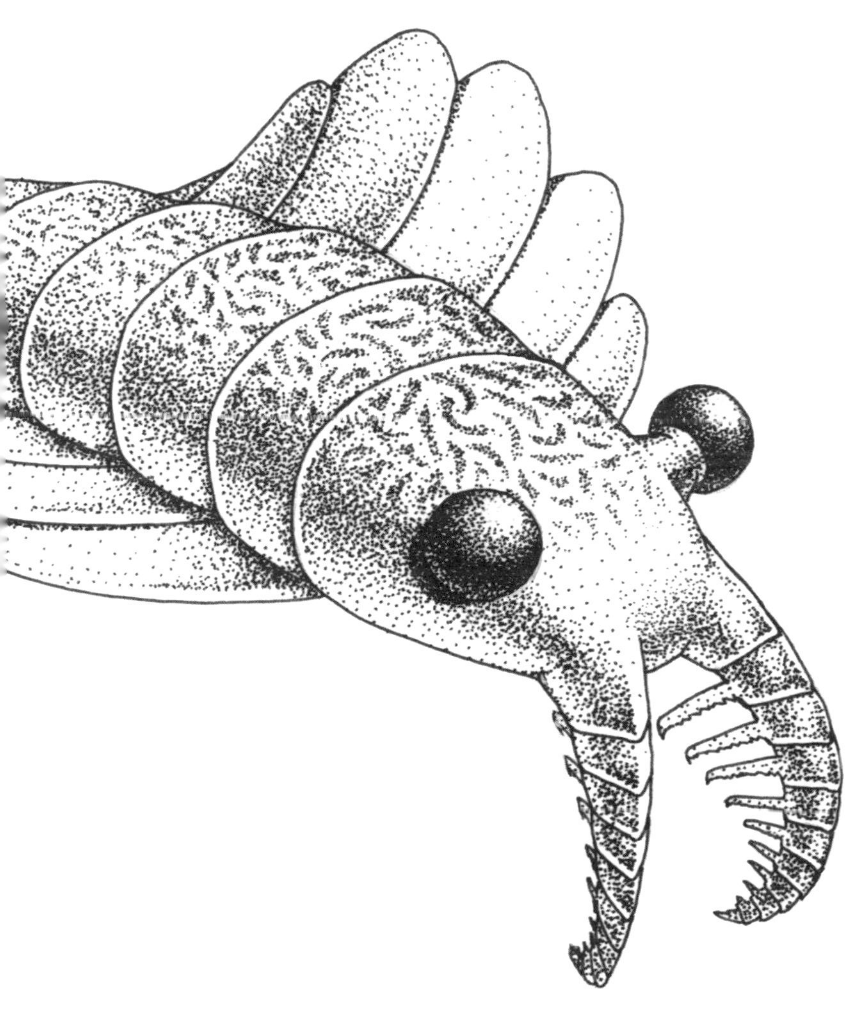

■ '이상한 새우' 아노말로카리스의 복원 상상도.

없다. 아노말로카리스의 입 부위에 대한 CT 촬영으로 입 속의 또다른 구조가 밝혀졌다. 입 안에는 3개의 톱니 판이 있는데, 입이 열리면 안쪽에 있는 3개의 톱니 판은 닫히고 바깥의 입이 닫히면 톱니 판들은 벌어져서 한번 잡은 먹이는 놓치지 않았다.

아노말로카리스는 턱과 집게발로 먹이를 잡아 누르면서 입에 달린 날카로운 이빨로 바다 속의 동물들을 잡아먹었는데, 이 이빨에 의한 상처가 다른 화석 표본에서 발견된다. 삼엽충 화석 중에 W자로 물린 자국을 지닌 표본이 발견되기도 하는데 이 삼엽충 화석을 물은 주인공은 아노말로카리스로 추정된다. 아노말로카리스 모형을 만들어 삼엽충을 물려 보았을 때 똑같은 W자 모양의 물린 자국이 생성됨을 확인할 수 있었다.

캄브리아기의 바다에 아노말로카리스와 같은 포식자가 존재함으로써 다른 생물들은 자신들을 보호하기 위해 다양한 방향으로 진화한 것으로 보인다. 오파비니아는 5개의 눈을 발달시켜 포식자로부터 보다 빨리 도망가는 길을 택했으며 할루시게니아와 위왁시아는 몸에 가시를 발달시켰다. 삼엽충의 경우 딱딱한 껍질을 발달시켰으며 그 외에도 많은 생물들이 다양한 방식으로 진화를 거듭해 자신을 보호하고 자손을 남기기 위해 노력했다.

현재 아노말로카리스는 캐나다의 버제스셰일, 미국의 로키 산맥, 중국의 첸장, 오스트레일리아의 에뮤 베이(Emu Bay) 셰일층에서 발견되고 있는데, 아마도 캄브리아기 바다의 지배자였던 것으로 여겨진다.

미국 유타 주에서 버제스셰일보다 1000만 년 이후에 퇴적된 지층에서 아노말로카리스가 발견된 것을 마지막으로 더 이상 젊은 지층에서 아노말로카리스는 발견되지 않고 있다. 당시는 특별한 환경적인 변화가 없었고 먹이 또한 풍부했는데, 캄브리아기 바다의 포식자였던 아노말로카리스가 멸종한 이유는 아직도 수수께끼로 남아 있다. 캄브리아기의 바다를 지배했던 아노말로카리스는 멸종해 그 후손은 오늘날 남아 있지 않지만, 아노말로카리스를 피해 다녔던 피카이아는 척색을 발달시켜 보다 빠르게 헤엄칠 수 있었고 살아남아 인간의 먼 조상이 될 수 있었다. 진화의 세계는 참으로 불가사의하다.

옛날에도 1년은 365일이었을까?   11

오늘날 초등학교에 다니는 학생도 1년이 12개월 365일이고, 하루가 24시간임을 익히 알고 있다. 이러한 시간의 단위는 과거부터 현재까지 항상 일정했던 것처럼 보이며 미래에도 영원히 변하지 않을 것처럼 여겨지고는 한다. 그런데 과연 이런 시간 단위는 지구가 탄생한 이후부터 현재까지 항상 일정했으며 미래에도 변하지 않을 절대불변의 것일까?

오늘날 지구상에 살고 있는 생물의 대부분은 태양으로부터 에너지를 얻는다. 이중 어떤 생물들은 자신이 받아들이는 태양 에너지의 양에 따른 성장 패턴의 변화를 몸 안에 간직하기도 한다.

흔히 볼 수 있는 나무의 나이테(연륜(年輪))는 기후(계절)의 변화에 따른 성장 패턴의 차이를 보여 주는 좋은 예이다. 즉 봄과 초여름에는 나무가 태양 에너지를 많이 받아 빠르게 성장하기 위해 세포막이 얇고 크기가 큰 세포를 생산하는 반면, 늦여름과 가을에는 태양 에너지가 적어 세포막이 두껍고 크기가 작은 세포를 생산한다.

보통 나무들은 온도, 강수량 등의 기후 조건에 따라 매년 형성되는 나이테의 두께와 패턴이 달라진다.

계절 변화에 따른 성장 두께와 패턴의 변화는 조개껍데기, 동물의 뼈, 이빨 등에도 기록돼 있다. 일부 동물들은 자신의 몸 안에 계절 변화보다 자세하게 한 달, 더 나아가 하루 동안에 성장한 양을 기록한다. 어떤 동물은 낮과 밤의 태양 에너지 양의 변화에 반응해 매일 하나의 매우 얇은 층을 형성하며 성장하기도 한다. 나무의 나이테를 통해 나무의 수명을 알아낼 수 있는 것처럼, 이 동물들의 성장선을 통해 하루, 한 달 그리고 1년 동안 성장한 구간을 확인할 수 있다.

1960년대 초 미국 코넬 대학교의 존 웰스(John Wells) 교수는 화석으로 절대적인 지질 시간을 측정하는 방법을 고민하고 있었다. 시간을 대표하는 지층 상하에서 화석 생물군의 내용이 달라지므로 이를 근거로 화석의 상대적인 시간을 측정할 수 있는데, 웰스는 절대적인 시간도 화석을 통해 알아낼 수 있을지 궁금했다. 그는 지구 물리학자들과 천문학자들이 태양, 지구 그리고 달의 상대적인 운동에 따라 지질 시대 동안 1년의 일수가 꾸준히 감소했다고 추정한 것을 알게 됐다. 또한 현생 산호에서 관찰되는 미세한 성장선이 하루 동안에 성장한 양을 가리킨다는 생물학자들의 연구 결과를 알고 있었다.

웰스는 이런 자료를 바탕으로 현생 산호와 고생대에 살았던 산호 화석의 성장선 수를 비교해 본 결과, 고생대에 살았던 산호 화석이 현생 산호보다 1년에 형성된 성장선 수가 더 많다는 점을 발견했다. 이것은 고생대에 1년의 일수가 오늘날보다 더 많았음을 의미한다. 현생 산호의 성장선은 1년에 약 360개인 반면, 지금으로부터 약 4억 년 전인 데본기의 산호는 1년에 약 400개의 성장선을 지녔음을 관찰할 수 있는 것이다. 이 같은 연구 결과는 약 3억 7000만 년 전에는 1년의 일수가 400일이었다는 지구 물리학자들과 천문학자들의 예상과 일치하는 것이다.

산호 외에도 스트로마톨라이트와 조개류도 매일 하나의 얇은 탄산칼슘 층을 형성하며 성장한다. 따라서 스트로마톨라이트와 조개 화석에 기록돼 있는, 1년 동안 형성된 성장선의 개수로 1년의 일수를 추정할 수 있다. 일례로, 약 20억 년 전에 형성된 스트로마톨라이트에서는 1년의 일수가 약 800일이었으며, 약 8억 년 전에 형성된 스트로마톨라이트는 1년의 일수가 475~500일이었음을 보여 준다.

1년의 일수가 더 많다는 것은 두 가지로 해석할 수 있다. 하나는 지구가 태양 주위를 공전하는 데 걸린 시간이 지금보다 더 길었다고 볼 수 있다. 그러나 지구 공전 궤도의 길이는 일정했으므로, 1년의 일수가 많다는 것은 하루의 길이가 짧았음을 뜻한다. 즉 지구가 지금보다 더 빨리 자전했음을 뜻한다.

'하루'란 지구의 자전 주기로 24시간이다. 그러나 과거에도 하루는 24시간이었을까? 약 4억 년 전에 살았던 산호는 1년에 400개의 성장선을 지니고 있었으며, 이것은 약 4억 년 전에는 1년이 400일,

즉 13달이었으며 하루가 22시간이었음을 의미한다. 그 후 점차적으로 1년의 일수가 줄어들어 1억 년 전에는 1년의 일수가 375일에 이르렀고 현재에 이르러 365일이 됐음을 알 수 있다.

지구가 처음 형성될 당시의 하루는 약 4시간이었을 것으로 추정된다. 지금의 6배의 속도로 자전했던 것이다. 그 후 지구가 자전하는 데 걸리는 시간은 점차적으로 늘어나게 됐다. 이것은 지구 자전 속도가 계속 느려지고 있음을 의미한다. 따라서 미래에 지구의 하루는 24시간보다 더 늘어날 것이고, 1년의 일수는 365일보다 더 짧아질 것이다.

왜 지구의 자전 속도가 느려질까? 바로 조석, 즉 밀물과 썰물을 일으키는 힘이 근본적인 원인이다. 조석은 해수면이 반일이나 1일을 주기로 오르내리는 현상이다. 기원전 4세기경 그리스의 피테아스(Pytheas)는 프랑스 해안의 조석 현상을 보고 조석 현상의 원인이 달의 운동과 관련이 있음을 처음으로 서술했다.

조석 현상을 일으키는 힘은 기조력(tidal force)이라고 한다. 이것은 달이 잡아당기는 인력(태양의 인력도 일부 포함된다.)과 지구가 달에서 벗어나려는 원심력의 합이다. 기조력은 지구가 달을 향한 지역과 그 반대 지역에서 평균 기조력보다 크며, 직각인 지역에서 가장 작다. 따라서 바닷물도 달을 향한 지역과 그 반대 지역의 해수는 평균 해수면보다 높아지고, 직각인 지역에서는 낮아진다. 이것이 육지 쪽으로 바닷물이 들고나는 조석 현상이다. 여기서 지구에서 바닷물이 상승한 부분이 문제가 된다.

바닷물이 상승한 부분은 처음에 지구의 자전을 따라 반시계 방향으로 움직인다. 하지만 바닷물이 상승한 부분을 달이 잡아당기게 된다. 이때 상승한 바닷물이 미치는 달의 인력은 지구 자전 방향과 반대로 작용하기 때문에 결국 지구의 자전 속도를 늦추게 된다. 현재 지구의 자전은 조석 작용 때문에 10만 년마다 약 2초씩 느려지고 있다. 몇몇 과학자들은 앞으로 약 75억 년 후 지구가 자전하지 않게 될 것이라고 예측하고 있다.

언젠가 지구의 하루가 25시간인 날이 올 것이다. 인류가 그 시대에도 지구의 주인일 수 있을까? 그때까지 멸망하지 말기를 그저 간절히 기원할 뿐이다.

■ 석탄기 산호인 타불로필룸(*Tabulophyllum*)의 화석. 산호 외각에 나타나는 굵고 검은 띠 사이는 1개월을 나타내며, 그 사이의 가는 성장선은 1일을 나타낸다.

거대 곤충의 전설 12

오늘날 지구상에서 가장 많이 사는 동물은 곤충이다. 지구상에 곤충이 나타난 시기는 고생대 데본기 초로 지금으로부터 약 4억 년 전이다. 당시의 곤충은 날개를 지니고 있지 않았으며 오늘날의 톡토기와 비슷했다. 그러나 점차 날개를 가진 곤충이 나타났으며 이들은 다양한 형태의 날개를 진화시켰다. 이 곤충들 중 어떤 종류는 매우 커서 몸길이가 38센티미터나 되고 날개폭이 70센티미터에 이르렀는데, 이 거대한 곤충이 메가네우라(*Meganeura*)이다. 메가네우라는 지금까지 발견된 날아다니는 곤충 중 가장 컸다.

곤충(Class Hexapoda)은 숫자 6을 뜻하는 라틴 어인 Hexa와 발을 뜻하는 라틴 어인 Poda가 합쳐서 된 말로 '발이 6개 달린 동물'을 의미한다. 곤충은 머리, 가슴, 배의 세 부분으로 나뉘며, 1쌍의 더듬이를 가지고 있고, 폐가 없는 대신 공기 구멍(기공)을 통해 내부로 공기를 순환시켜 호흡한다. 곤충은 대부분 2쌍의 날개를 갖지만, 1쌍의 날개를 갖는 것 또는 날개가 전혀 없는 것도 있다.

곤충이 언제, 어떻게 지구상에 출현했는지는 정확히 알 수 없지만, 아마도 절지동물(갑각류)이 곤충으로 진화한 것으로 추측된다. 먼저 절지동물의 마디마다 한 쌍의 다리가 생기고, 이후 더듬이와 머리, 산란관 등이 형성되면서 곤충으로 진화했다고 생각된다.

최근 미국 캘리포니아 대학교 샌디에이고 캠퍼스의 윌리엄 맥기니스(William McGinnis) 교수 연구팀은 다리가 6개 달린 곤충이 온몸에 다리를 가진 절지동물에서 진화했음을 보여 주는 유전적 증거를 발견했다고 발표했다. 그들의 연구에 따르면, 다리의 발생을 조절하는 조절 유전자의 일종인 Hox 유전자의 돌연변이로 인해 갑각류의 복부에서 다리가 생기는 것이 억제됐고, 이로 인해 다리가 6개인 곤충이 탄생했다고 한다.

고생대 데본기에 출현한 최초의 곤충은 날개가 없었으며 변태를 하지 않았다. 최초의 곤충이 나타난 뒤 5000만 년 후인 석탄기에 이르러 날개를 가진 곤충뿐만 아니라 다양한 형태의 곤충이 나타나 진화했다. 완전 변태 또는 불완전 변태를 하는 종류가 생겼으며, 날개를 겹쳐 접을 수 있는 종류 또는 겹쳐 접지 못하는 종류도 나타났다. 메가네우라도 이 시기에 모습을 드러냈으며 바퀴벌레도 출현했다. 페름기에는 현존하는 주요 곤충들이 나타났으며 이들은 오늘날까지 번성하고 있다. 중생대 말에는 기후가 따뜻해지고 꽃이 피고 열매를 맺는 식물이 나타나면서 나비나 벌 등의 곤충이 나타났다.

메가네우라는 고생대 석탄기-페름기의 열대 삼림에 살았던 거

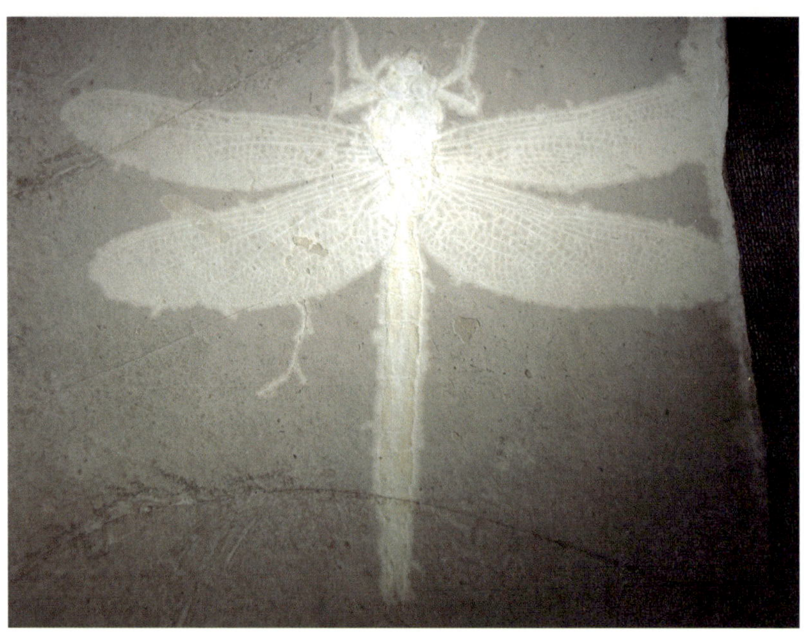

■ 잠자리 화석.

대한 곤충으로 생김새는 오늘날의 잠자리와 비슷했다. 그러나 크기는 매우 커서 날개를 편 길이가 70센티미터에 이르렀으며, 잠자리 특유의 삼각실, 결절 그리고 연문을 가지고 있지 않았다. 또한 그물맥을 지닌 잠자리와는 달리 메가네우라의 날개맥은 위에서 아래쪽으로 기울어지면서 뻗은 형태이다.

메가네우라가 번성한 석탄기는 매우 온난, 습윤한 기후를 가지고 있었으며 이로 인해 울창한 숲과 늪지대가 발달한 시기이다. 식물들의 번성을 통한 활발한 광합성 작용과 늪지대에 가라앉은 죽은 식물들에 대한 분해 과정의 생략으로 인해 대기 중 산소의 양이 급격히 증가했다. 이 시기 대기 중의 산소 함량은 35퍼센트까지 올라간 것으로 추정된다. 순환계를 가진 동물이 산소를 몸속 구석구석까지 운반하는 것과는 달리, 곤충은 공기 구멍을 통해 흘러 들어온 산소가 주변에 스며들 뿐이다. 따라서 대기 중의 산소 함량이 많아지면서 곤충에게 더 많은 산소 에너지를 공급할 수 있었으며 이로 인해 거대 곤충이 탄생할 수 있었다.

석단기와 페름기에 하늘을 지배했던 거대 곤충 메가네우라는 페름기 말의 대량 멸종에 의해 한꺼번에 멸종했다. 페름기 말의 대량 멸종은 삼림의 붕괴와 산소 함량의 감소를 가져왔으며 이로 인해 거대 곤충은 지구상에서 완전히 사라져 버린 것이다. 메가네우라의 존재는 대기 중의 산소 함량과 곤충의 크기와의 관계를 알려주는 하나의 예이다.

만약 오늘날 대기 중의 산소 함량이 증가한다면 메가네우라 같은 거대 곤충이 지구상에 다시 출현할 수 있을까?

어류의 진화

13

생명 대폭발을 통해 다양한 형태의 생명을 실험한 캄브리아기 이후, 생명은 어떤 진화 과정을 거치게 됐을까? 최초의 척추동물인 어류의 진화 과정을 살펴봄으로써 생명이 어떤 방식으로 진화하는지 잠시 알아보자.

1981년 미국 시카고 대학교의 고생물학자 존 셉코스키 주니어(J. John Sepkoski Jr.)는 현생 이언에 일어난 동물계의 변천 과정에 근거해 동물계를 크게 캄브리아 동물군, 고생대 동물군 그리고 현대 동물군으로 나누었다.

캄브리아 동물군은 캄브리아기에 번성한 동물들로 중국의 첸장 화석군과 캐나다의 버제스셰일 화석군에 잘 나타나 있다. 이중 가장 대표적인 생물은 삼엽충이다. 캄브리아 동물군을 대표하는 삼엽충이 쇠퇴하기 시작하는 오르도비스기 이후부터 페름기까지는 완족동물, 두족류, 산호, 해백합, 불가사리, 필석 등이 고생대의 얕은 바다를 점령하며 번성하게 되는데, 이들을 고생대 동물군이라고 한다. 얕은 바다에 고생대 동물군이 번성하게 됨에 따라 캄브리아 동물군은 이들을 피해 깊은 바다 속으로 서식지를 옮기게 됐다. 중생대에 들어서면서부터는 상어, 어류, 파충류, 포유류, 조개처럼 현재의 해양 생물들과 비슷한 생물들이 번성하게 됐으며, 이들을 현대 동물군으로 부른다.

현생 이언 기간의 해양 동물계의 진화 과정을 살펴보면 생활 조건과 번식 조건이 좋은 얕은 대륙붕 지역을 차지하기 위한 경쟁으로 생각할 수 있다. 처음에는 캄브리아 동물군이 얕은 바다를 차지했지만 차츰 고생대 동물군과 현대 동물군으로 대체됐으며 경쟁에서 밀린 동물군은 점차 깊은 바다로 서식지를 옮기게 됐고 마침내 멸종하게 됐다.

최초의 척추동물이 나타난 것은 캄브리아기 초로 지금으로부터 약 5억 3000만 년 전이다. 이때 등장한 척추동물은 원시 어류로 입은 둥글고, 턱과 이빨을 가지고 있지 않았으며, 단순히 진흙에서 유기물 입자를 빨아들이거나 다른 고기에 기생하며 살았을 것으로 추측된다. 이 원시 어류는 입이 움직이지 않고 그냥 열린 상태였기 때문에 흔히 '턱이 없는 물고기^(무악어)'라고 불렸다. 턱이 없는 물고기는 등뼈를 갖고 있지 않았으며, 부분적 또는 전체적으로 갑옷^(골판)으로 덮여 있었을 것으로 추정된다. 또한 지느러미도 없었기 때문에 아마도 오늘날의 올챙이처럼 헤엄쳤을 것으로 여겨진다.

피카이아는 가장 잘 알려진 원시 어류이다. 피카이아는 척색을 지니고 있어서 몸의 균형을 유지하고 빠르게 헤엄칠 수 있었다. 피카이아의 크기는 약 4센티미터인데, 현재 약 60개의 표본만이 발견됐다.

실루리아기에 들어서면서 턱과 이빨을 가진 최초의 척추동물인 극교류(Acanthodian)가 나타났다. 이들은 오늘날의 어류처럼 온몸이 비늘로 덮여 있었으며, 턱을 발달시켜 다른 생물들을 섭취할 수 있었다. 실루리아기와 데본기에 들어서면서 어류 화석이 자주 보고되기 시작한다. 이 시기에 머리는 단단한 골판으로 보호되지만 턱이나 이가 없는 어류인 갑주어가 번성했다. 특히 데본기에 이르러서는 턱이 없는 어류 및 턱이 있는 어류, 등뼈가 없는 어류 및 등뼈를 가진 어류, 갑옷을 입은 어류 및 비늘을 가진 어류 등 다양한 어류 화석이 발견되기 때문에, 데본기를 어류의 시대라고도 부른다.

이때에 이르러서 현생 어류의 거의 대부분이 속해 있는 경골어류가 출현했다. 이들은 지느러미를 가지고 있었으며 따라서 보다 쉽게 물 속에서 방향을 바꾸거나 멈출 수 있었다. 또한 공기주머니인 부레를 가지고 있어서, 자기 몸의 비중을 주위 물의 비중과 일치시킴으로써 운동을 쉽게 할 수 있었다. 특히 상하 운동을 할 경우에는 부레 속에 들어 있는 기체(산소, 질소, 그리고 약간의 이산화탄소가 섞인 혼합물)의 양을 조절해 물 속에서 일정 깊이를 유지하며 헤엄칠 수 있었다.

데본기 말에 이르러, 대기 중의 산소를 이용할 수 있는 어류가 출현했다. 바다 생물과 육지 생물의 중간 단계에 있는 이 어류는 코나 목구멍의 미세 혈관을 통해 직접 공기를 흡입할 수 있도록 진화했

으며, 식도를 부풀려 부레를 만들고 허파로 진화시켰다. 대기 중의 산소를 호흡할 수 있도록 진화한 가장 대표적인 어류는 폐어이다. 폐어는 가뭄이 들면 진흙 속에 들어가 산소를 호흡하면서, 다시 물이 찰 때까지 아무것도 먹지 않고 몇 년이고 기다릴 수 있었다.

데본기 말에, 폐를 가진 어류는 지느러미를 다리로 발달시켜 물 밖을 떠날 수 있도록 진화했다. 이리하여 물과 육상에서 살 수 있었던 최초의 척추동물인 양서류가 등장했다.

어류의 진화를 보여 주는 진화 계통도

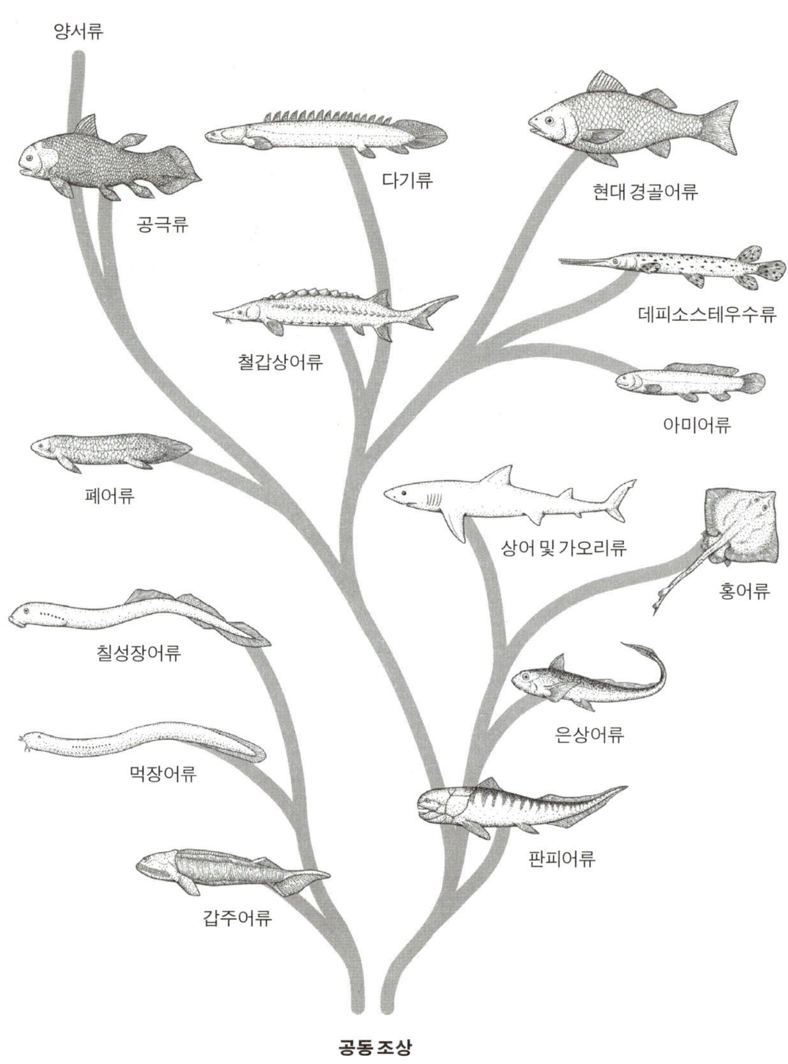

생명, 육지를 공략하다

14

남세균의 광합성 활동을 통해 생성된 산소가 대기 중에 누적되면서 오존층이 생성되었고, 이 오존층은 태양의 자외선을 차단했다. 그 결과 육지는 점차 생명 활동에 적합한 환경으로 변해 갔다. 그러나 그동안 바다 속에서 적응하며 살아가던 생물들이 육지에서 살기 위해서는 다른 기능을 발달시킬 필요가 있었다. 척추동물이 육지에서 생활하기 위해서는 물이 없어도 지상을 이동할 수 있는 튼튼한 네 다리와 지상의 공기를 이용해 호흡할 수 있는 허파, 그리고 몸이 무게 때문에 땅바닥에 끌리는 것을 막기 위한 튼튼한 근육과 갈비뼈 등을 발달시킬 필요가 있었다.

식물의 경우 땅 속에서 양분과 물을 빨아올리기 위해서는 뿌리가 있어야만 했으며, 스스로를 지지하고 양분과 수분을 전달하기 위해서는 줄기와 관다발은 물론이고, 공기의 출입을 조절하는 기공도 발달시켜야 했다. 이렇듯 생물들은 오랫동안 육지를 공략하기 위해 노력했고 마침내 생명 활동의 무대는 육지로 확장되게 됐다.

1932년 덴마크 탐험대는 그린란드 동부에 분포하는 데본기 말의 지층에서 가장 오래된 양서류 화석을 발견했다. 이크티오스테가(*Ichthyostega*)로 명명된 이 화석은 오늘날의 도롱뇽과 비슷한 모습으로 몸길이는 1미터 정도였으며, 타원형의 머리와 튼튼한 네 다리 그리고 몸을 지탱해 주는 넓은 갈비뼈를 지녔다.

과학자들은 이크티오스테가의 화석을 자세히 관찰한 결과 이들이 물 속에서 진동을 느끼기 위해 사용하는 일련의 감각 세포를 가지고 있었으며, 원시 어류인 폐어류의 지느러미와 형태적으로 유사한 다리 구조 그리고 7개의 발가락을 지녔다는 사실을 발견했다. 이것은 이크티오스테가가 일생의 대부분을 물 속에서 생활했으며, 다리와 발가락의 진화가 육지가 아닌 물 속에서 이루어졌고, 어류에서 진화했음을 의미한다.

왜냐하면 이크티오스테가가 주로 육상에서 생활했다면 육상에서 네 다리를 이용해 걸을 때 가장 적합한 발가락 수인 5개의 발가락을 지니도록 진화했을 것이기 때문이다. 이들은 아마도 물 속에서 자라는 식물을 기어오르기 위해 다리와 발가락을 진화시켰을 것이며, 나아가 건조기에 자신이 살던 호수가 말라 버렸을 때 다른 호수로 이동하기 위해 지느러미 모양의 다리를 이용했을 것이다. 이런 과정을 거쳐 지느러미는 마침내 다리로 진화했다. 이렇게 출현한 양서류는 석탄기에 이르러 크게 번성했기 때문에 석탄기를 '양서류의 시대'라고 부른다.

양서류가 육지라는 새로운 영역을 처음 개척한 동물들 중 하나이기는 하지만, 그렇다고 양서류가 완전히 물을 벗어나서 살 수 있었던 것은 아니다. 양서류는 물 속에다 자신의 알을 낳았는데, 양서류의 알은 보통 껍데기가 없으며 젤리층에 쌓여 있다. 실제로 오늘날의 양서류들도 물로 돌아가서 자신의 알을 낳는다. 알에서 깬 올챙이는 아가미를 가지고 있으며 물 속에서 생활하는데, 변태를 해 성체가 된 뒤에는 육지에서 살기 시작한다. 육지에서 생활하게 된 양서류의 성체는 호흡을 하기 위해 허파와 피부를 모두 사용했기 때문에, 피부를 통해 수분이 드나들 수 있었고, 항상 탈수의 위험에 부닥칠 수 있었다. 따라서 양서류가 육지에서 생활하게 됐다 하더라도 물에서 멀리 벗어나 생활하지는 못했으며, 결과적으로 육지에서 널리 퍼져 살지는 못했다.

최초의 육상 식물이 나타난 것은 오르도비스기 후기인 약 4억 5000만 년 전이다. 아마도 호수나 늪지대의 가장자리를 따라 번성했던 녹조류와 홍조류 등은 자신들이 마르는 것을 방지하기 위해

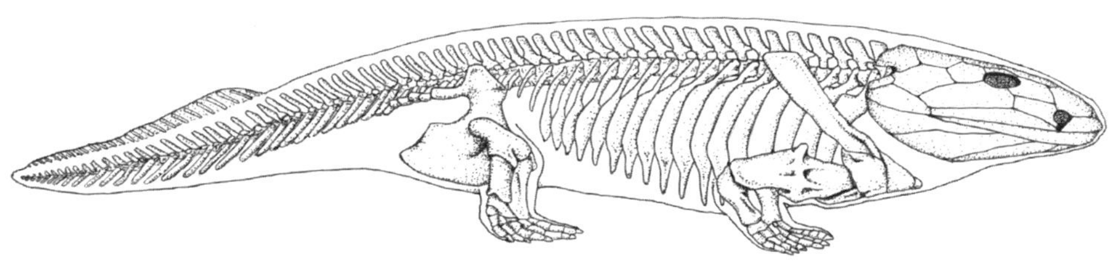

■ 가장 오래된 양서류인 이크티오스테가.

표피라고 불리는 매끈매끈한 표면을 발달시켰으며 또한 광합성과 호흡 작용을 할 수 있는 기공을 발달시켰을 것이다.

실루리아기 중엽에 쿡소니아(*Cooksonia*) 같은 확실한 육상 식물들이 출현했다. 쿡소니아는 내부에 속이 빈 관을 지닌 유관속 식물로, 오로지 곧게 뻗은 원기둥 모양의 줄기로만 이루어져 있었으며 뿌리와 잎을 가지고 있지 않았다. 물과 양분을 흡수하는 뿌리의 역할은 지하경이 담당했으며 광합성 활동은 줄기에서 이루어졌다. 줄기 끝에는 포자가 달려 있었고, 포자를 바람에 따라 날리는 번식 방법으로 내륙 쪽으로 퍼져 나갈 수 있었다.

데본기에 들어서면, 명백한 기공을 가지는 각피가 관찰되며 잎도 생겨났다. 또한 광합성에 필요한 빛을 더 많이 얻고, 포자를 더욱 먼 곳으로 날려 보내기 위해서 식물들의 키도 커져 20미터에 이르렀다. 석탄기에 이르면 키가 50미터가 넘고 잎의 크기도 1미터 이상인 거대한 양치식물들이 울창한 수풀을 이루었다. 이중에는 석송의 일종인 인목(*Lepidodendron*)과 속새의 일종인 노목(*Calamites*) 등이 있다. 이들이 두꺼운 석탄층을 형성했다.

육지에 상륙한 이크티오스테가와 쿡소니아 같은 최초의 육상 생물들은 더욱 발전해 육상 생활에 보다 적합한 형태로 진화했다. 석탄기에 양서류에서 유래한 파충류가 등장했으며, 데본기 말엽에 양치식물이 진화한 겉씨식물이 출현해 다양한 육상 생물계를 이루게 됐다.

보다 더 내륙 깊숙이 15

데본기에 출현한 최초의 양서류는 경쟁자가 없던 육지를 공략해 나갔고 석탄기에 이르러서는 크게 번성하게 됐다. 그러나 양서류는 물을 떠나서는 살 수 없었기 때문에 육지의 다양한 지역을 완전히 정복할 수는 없었다. 양서류가 번성하던 석탄기 초에 내륙을 공략하기 위한 생물들의 진화가 이루어지고 있었고 그 결과 파충류와 겉씨식물이 등장했다.

화석 기록에 따르면 가장 오랜 파충류는 1987년 스코틀랜드의 배스게이트(Bathgate) 지역에서 발견된 약 20센티미터 길이의 웨스트로시아나(Westlothiana)로 약 3억 5000만 년 전인 석탄기 초의 지층에서 발견됐다. '리지(Lizzie)'라는 애칭을 갖고 있는 이 화석은 오늘날의 도마뱀처럼 긴 몸체의 측면에 옆으로 뻗은 네 다리가 달려 있었으며 따라서 이동할 때에는 몸체를 비틀면서 이동했다. 각각의 발은 5개의 발가락을 지니고 있었다. 웨스트로시아나는 주로 절지동물과 벌레들을 먹고살았을 것으로 추정된다. 최근 일부 학자들

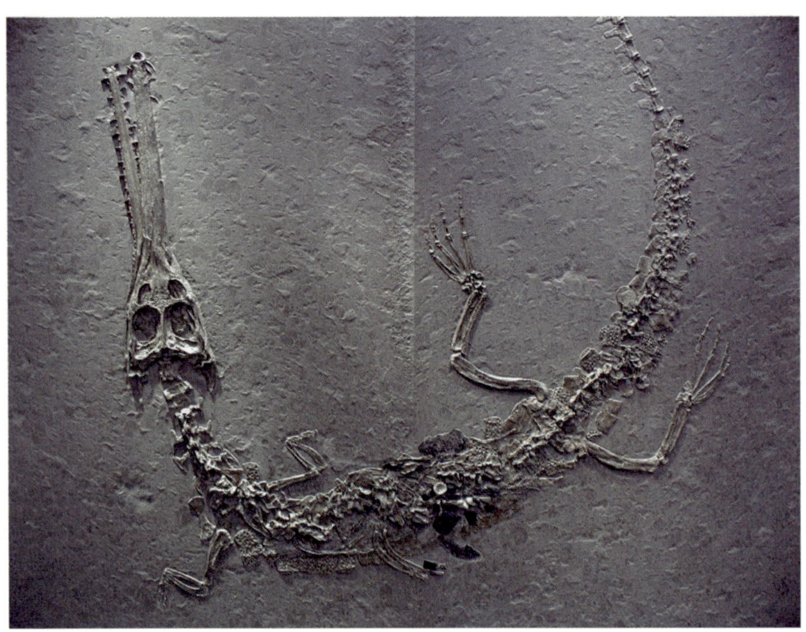

■ 생명의 육상 진출의 첨병이었던 원시 악어의 화석.

은 웨스트로시아나는 양서류의 일종이며, 석탄기 후기에 나타난 힐로노무스(*Hylonomus*)를 가장 오랜 파충류 화석으로 여기기도 한다.

파충류는 어류나 양서류와는 달리 단단한 껍질과 양막을 가진 알을 물이 아닌 육상에다 낳았으며, 피부가 각질의 표피로 덮여 있어서 몸 안의 수분을 보존할 수 있었다. 따라서 물을 떠나 장기간 생활할 수 있었으며 사막과 같은 건조한 지역에서도 생존할 수 있었다. 그 결과 파충류는 다양한 지역으로 생활 영역을 확장시켜 나갈 수 있었다. 고생대 말에 양서류에서 유래한 파충류가 출현하자 양서류는 상대적으로 급격히 쇠퇴했고 그로 인해 파충류가 물과 육지의 대부분을 지배하게 되면서 많은 양서류가 사라져 버렸다. 파충류는 중생대에 크게 번성해 중생대를 '파충류의 시대'로 부를 정도였다.

식물도 깊숙한 내륙을 공략하기 위해 더욱 진화했다. 실루리아기에 출현한 최초의 육상 식물인 양치식물은 줄기 내부에 관을 지니고 있다는 점에서 호수나 늪 가장자리에 살았던 이끼류(선태식물)보다는 진화한 형태였다. 양치식물은 열대림과 온난한 지역 등 다양한 환경에서 적응했지만, 포자를 통해 자손을 번식시켰기 때문에 번식을 위해서는 습한 환경이 반드시 필요했다. 따라서 건조한 환경에서도 번식할 수 있도록 진화할 필요가 있었으며 마침내 종자를 통해 자손을 번식시키는 겉씨식물(나자식물)이 출현했다. 겉씨식물은 동형 포자를 지니는 양치식물과는 달리 대포자(megaspores)와 소포자(microspores)의 이형 포자를 지녔다. 이형 포자는 겉씨식물 이상의 고등 식물에서 보이는 중요한 특징 중의 하나로 내포사는 배낭이 됐고 소포자는 꽃가루가 됐다.

데본기 말엽에 씨가 밖으로 드러나 있는 겉씨식물이 최초로 출현했다. 소철, 은행, 주목 및 구과류 식물 등이 대표적인 겉씨식물로 페름기에서 쥐라기까지 번성했다. 백악기 초인 1억 2000만 년 전에 이르러 속씨식물(피자식물, 현화식물), 즉 꽃이 피는 식물이 처음으로 나타나 점차 겉씨식물을 대체하기 시작했다. 속씨식물은 신생대에 다양하게 분화해 육상 식물계를 지배하게 됐다.

산업 혁명을 낳은
3억 년 전의 식물들

16

산업 혁명은 18세기 중엽 영국에서 시작된 것으로 농업 중심 사회에서 공업 중심 사회로의 이행에 따른 사회·경제적 구조의 변혁으로, 인류의 역사에서 아직도 끝나지 않은 혁명이다. 16세기 중엽에 이르러 당시의 중요한 연료 자원인 목재가 고갈되면서 연료 위기가 야기됐으며, 이를 극복하기 위한 노력 끝에 마침내 무생물 자원인 석탄을 이용할 수 있게 됐고 이것은 산업 혁명으로 이어졌다. 석탄이 산업 혁명을 낳은 셈이다. 그렇다면 이 석탄은 어디에서 온 것일까?

지금으로부터 약 3억 년 전, 육지에는 식물이 번성해 숲을 이루고 있었다. 숲은 주로 거대한 양치식물들과 원시 겉씨식물들로 이루어져 있었으며, 일부 양치식물들은 크기가 매우 커서 높이가 40미터에 이르기도 했다. 이 식물들이 죽으면 쓰러져 땅에 쌓였다.

일반적으로 죽은 식물들이 대기 중에 노출되어 있으면 부패^(산화)되기 쉽다. 그러나 고여 있는 늪에 죽은 식물이 잠기면, 물 속은 산소가 부족하고 또 공기와의 접촉도 차단되어 있기 때문에 식물이 완전히 부패되지 않는다. 이 시기에 대부분의 육지는 따뜻하고 습윤한 기후였으며 광활한 늪지대가 발달해 있었다. 따라서 늪지대에서는 부패되지 않은 식물의 잔해들이 대량으로 쌓일 수 있었다.

때마침 늪이 발달해 있는 곳의 지각이 서서히 침강하고 그 위에 퇴적물이 쌓이면서, 먼저 매몰된 식물들은 나중에 쌓인 퇴적물의 무게에 의해 높은 압력과 열을 받게 된다. 이로 인해 식물을 구성하는 성분 중 수소, 산소, 질소 등은 서서히 빠져나가고 주로 탄소만 남게 되는데 이것이 단단해져서 검은 돌이 됐다. 이것이 바로 석탄이다. 따라서 석탄 조각을 현미경으로 자세히 관찰해 보면 종종 식물의 잎, 목질부 등의 식물체 구조를 발견할 수 있다.

석탄은 전 세계 산출량의 3분의 1 이상이 고생대에 형성됐으며 이중 석탄이 가장 많이 형성된 시기는 석탄기이다. 유럽, 북아메리카 그리고 아시아 지역에서 산출되는 석탄의 대부분이 고생대에 형성된 것이다.

지하에 매몰된 대량의 식물 잔해는 열과 압력으로 인해 물리적, 화학적인 변화를 겪게 되며, 그 결과 석탄 속에는 주로 탄소 성분만 남게 된다. 석탄은 석탄 내의 탄소 함량을 기준으로 토탄, 갈탄, 역청탄 그리고 무연탄으로 분류할 수 있다.

토탄은 석탄 내의 탄소 함유량이 70퍼센트 이하이며 이탄이라고도 한다. 토탄은 식물의 잔해가 지하에서 열과 압력으로 인해 변화된 것이 아니라, 물에 노출된 지표면에서 미생물에 의해 분해

■ 석탄에서 발견되는 식물 화석.

된 것이다. 갈탄은 석탄 내의 탄소 함유량이 70~80퍼센트며 흑갈색이다. 아탄이라고도 한다. 식물 조직이 보존되어 있는 경우가 많다. 역청탄은 석탄 내의 탄소 함유량이 80~90퍼센트며 검은색이다. 탈 때 긴 불꽃을 내며 연기가 많이 나는 유연탄의 일종이다. 무연탄은 석탄 내의 탄소 함유량이 90퍼센트 이상이며 대부분 검은색이다. 탈 때 짧은 불꽃을 내며, 연기가 나지 않아서 무연탄이라고 부른다. 발화점이 섭씨 490도로 불이 늦게 붙지만 화력이 강하다.

인류가 석탄을 발견한 시기는 언제일까? 기원전 315년 그리스의 철학자인 테오프라스토스(Theophrastos)가 쓴 『암석학』이라는 책에

“암석 중에는 연소되는 것이 있어 금속을 녹이는 데 사용할 수 있다.”라고 기록되어 있다. 따라서 기원전 315년 이전에 석탄이 발견됐다고 생각할 수 있다. 우리나라의 경우, 『삼국사기』에 신라 진평왕 31년(609년)에 “모지악 동토함 산지가 불에 탔다.”라는 기록이 남아 있다.

석탄이 인간에게 알려진 것은 이렇게 오래됐지만, 인간의 주목을 받기 시작한 것은 18세기 산업 혁명에 이용되면서부터였다. 그저 신기한 검은 돌이었던 석탄은 산업을 비약적으로 발전시켰고, 아주 짧은 시간 동안 인류와 지구의 역사를 되돌릴 수 없을 정도로 바꿔 버렸다. 석탄을 태우는 데서 나오는 이산화탄소가 지구의 기온을 올린다는 지구 온난화 가설도 산업 혁명 당시에 등장했으니 말이다.

바다에 살았던 생물들의 공동 묘지

　바다 속에도 산업 발전에 이용되는 연료인 석유와 천연가스가 있다. 이것들 역시 먼 옛날에 살았던 미생물을 통해 형성된 연료이다. 이렇게 과거에 살았던 생물들의 잔해에서 형성된 연료들을 흔히 '화석 연료'라고 한다. 화석 연료가 어떻게 형성됐는지 그리고 오늘날 산업 발전에 이용되는 화석에는 어떤 것들이 있는지 알아보자.

　석유는 먼 옛날에 살았던 미생물(육상·해양 미생물을 포함한다.)이 쌓인 뒤, 부패해 생긴 액체 탄화수소이다. 오늘날 석유 회사들은 석유를 찾기 위해 지하 깊숙이 구멍을 뚫는다. 대부분의 석유는 지하 150~7600미터 깊이의 사암이나 석회암에서 발견되고 있다. 사암이나 석회암은 암석을 구성하는 입자들의 크기가 비교적 크기 때문에 입자와 입자 사이의 빈 공간에 액체 탄화수소가 보존되어 있을 가능성이 높다. 보통 석유를 함유하는 사암이나 석회암의 주변은 입자와 입자 사이의 빈 공간이 거의 없는 셰일 같은 암석에 둘러싸여야 석유가 다른 곳으로 흐르지 않고 저장될 수 있다.

지하에서 발견된 석유는 파이프라인을 통해 정유 공장으로 이동된다. 보통 지하에서 채취된 석유는 원유라고 하는데, 원유는 정제 과정을 거쳐 다양한 형태의 석유 제품으로 만들어지고, 현대 사회 곳곳에서 에너지원으로, 물건의 재료로 사용되고 있다.

예를 들어, 휘발유, 등유, 경유, 중유 등은 석유에 함유된 여러 종류의 탄화수소들을 끓는점의 차이를 이용해 분리한 것이다. 또한 석유로 다른 많은 석유 제품들을 만든다. 현재 우리들이 입고 있는 옷이나, 플라스틱 볼펜, 농산물 재배에 이용되는 비료나 농약 그리고 거의 모든 플라스틱 제품들은 석유로 만들어진 제품이다. 오늘날 수천 가지 이상의 제품들이 석유를 이용해 만들어지고 있다.

현재 대부분의 천연가스는 지하에서 석유와 함께 발견되며, 천연가스의 대부분은 공기보다 가벼운 메탄(CH_4)으로 구성되어 있다. 즉 메탄은 석유처럼 탄소와 수소의 화합물이며, 따라서 석유와 천연가스의 기원은 동일한 것으로 여겨진다.

지하에서 발견된 천연가스는 황과 습기 성분을 제거하는 정제 과정을 통해 순수한 메탄가스만을 분리한다. 분리된 메탄가스는 섭씨 −160도 이하로 냉각시켜 액체 상태로 만든다. 액화된 메탄가스를 액화 천연 가스(Liquefied Natural Gas, LNG)라고 하는데, 연소 시 대기 오염 물질을 거의 배출하지 않기 때문에, 최근 들어 가정에서 난방이나 요리를 하는데, 그리고 발전소에서 에너지를 만드는 데 많이 쓰이고 있다. 메탄가스는 냄새가 안 나기 때문에 가정으로 보내지기 전에 향기를 첨가해, 만약에 메탄가스가 누출될 경우에 누출되는 부분을 알아낼 수 있도록 대비하고 있다. 향기가 첨가된 메탄가스의 냄새는 썩은 달걀의 냄새와 비슷하다.

석회암$(CaCO_3)$은 바다에 살았던 생물들의 사체가 쌓여 형성된 퇴적암이다. 보통, 바다에 서식하는 생물들의 껍질은 아라고나이트와 방해석으로 이루어져 있는데, 생물이 죽은 후에 껍질 부분이 보존되거나 분해되어 쌓인 물질이 모여서 석회암이 형성된다. 따라서 석회암은 먼 옛날에 살았던 생물들의 공동 묘지라고 생각할 수 있다.

오늘날 석회암은 중·저품위 석회암은 시멘트를 제조하는 데 쓰거나 건축용 석재로 많이 이용되며, 산화칼슘(CaO)이 52퍼센트 이상 포함된 고품위 석회암은 제철을 제강하는 데 쓰거나 화학 공업용으로 쓰고 있다.

석회암에 마그네슘 성분이 첨가된 돌로마이트$(CaMg(CO_3)_2)$도 철강, 유리, 비료, 골재용 등으로 사용되고 있다. 색이 흰색이라 우리말로는 백운암(白雲岩)이라고도 한다.

석유와 천연가스는 먼 옛날에 살았던 생물들의 유해가 세균이나 지구 내부의 열 때문에 변성된 것이다. 따라서 지구 내부에 저장되어 있는 생물들의 유해는 유한하므로 화석 연료의 양도 유한하며 또한 재생할 수도 없다. 그동안 인류는 석탄, 석유, 그리고 천연가스를 이용해 산업을 급격히 발달시켜 왔다. 하지만 화석 연료를 쓰면 쓸수록 지구에 저장되어 있는 화석 연료는 소모되어 머지않아 고갈될 것이다.

　오늘날 인류는 화석 연료를 대체하기 위해 핵분열, 핵융합, 태양열, 지열 등을 이용해 에너지를 얻는 방법을 개발하고 있으며 부분적으로는 실용화 단계에 이르고 있다. 하지만 아직까지도 에너지의 80~90퍼센트 이상은 화석 연료에 의존하고 있는 형편이다. 따라서 우리는 화석 연료를 효율적으로 이용하면서 다른 대체 에너지를 개발하는 데 노력을 기울여야 할 것이다.

3부
공룡의 시대

17

대륙은 움직인다

오늘날 지구상에는 오대양 육대주가 분포하고 있다. 그런데 이러한 대륙과 해양의 분포와 모습은 아주 오랜 옛날부터 지금까지 항상 같았던 것일까? 또 미래에도 대륙과 해양의 모습은 변하지 않을까? 먼 옛날 대륙들의 모습과 위치를 화석을 통해 알아보자.

1620년 프랜시스 베이컨(Francis Bacon)은 대서양과 접한 남아메리카와 아프리카의 해안선 윤곽이 비슷하다는 점에 주목했지만, 그 원인을 설명하지는 못했다. 그 뒤 근대 과학이 발달하고 세계 지도가 보다 정확하게 그려지면서, 대서양 양쪽 대륙의 윤곽이 나란해서 마치 퍼즐 조각들처럼 잘 들어맞는다는 생각은 더욱 강해졌다. 그러나 20세기 초반까지 대부분의 지구 과학자들은 대륙과 해양의 위치는 고정되어 있다고 믿었다.

1912년 독일의 기상학자며 지구 물리학자인 알프레트 베게너(Alfred Wegener)는 독일의 학술지를 통해 대륙 이동설을 주장했다. 그리고 자신의 이론을 1922년『대륙과 해양의 기원(Die Entstehung der

Kontinente und Ozeane)』이라는 책으로 정리했다.

그는 약 3억 년 전에 판게아(Pangaea)로 불리는 초대륙이 존재했으며, 그 주위를 판탈라사(Panthalassa)라는 이름의 대양이 감싸고 있었다고 생각했다. 그의 주장에 따르면 판게아는 남북으로 길게 배열되어 있었는데 북아메리카와 남아메리카는 물론, 아시아, 유럽 및 아프리카 대륙이 뭉쳐 있는 거대한 대륙이었다. 오스트레일리아와 남극도 함께 있었다. 인도의 크기는 현재보다 더 길었으며 아프리카와 오스트레일리아 사이에 위치했다고 생각했다.

즉 현재 전 세계에 흩어져 있는 남아메리카, 북아메리카, 아시아, 유럽, 아프리카, 오스트레일리아, 남극이 하나로 모여 있었다고 생각했던 것이다. 그러다가 약 2억 년 전에 판게아가 작은 대륙들로 쪼개져 현재의 위치로 이동하기 시작했다. 대륙들이 움직였다고 생각한 것이다!

한편, 1937년 요하네스부르크 대학교의 알렉스 두 토이트(Alex du Toit) 교수는 판게아는 로라시아(Laurasia)와 곤드와나(Gondwana)라는 2개의 거대한 대륙이 뭉쳐서 이루어졌으며, 두 대륙 사이에는 오늘날의 지중해에 해당하는 테티스(Tethys) 해가 있었다고 주장했다. 로라시아는 북반구에 위치하며 북아메리카와 유라시아가 뭉쳐 있었으며, 곤드와나는 남반구에 위치하며 남아메리카, 아프리카, 인도, 남극 그리고 오스트레일리아로 구성되어 있었다고 주장했다.

그런데 베게너가 대륙 이동설을 주장하게 된 데에는 화석이 결정적인 역할을 했다. 처음에 베게너는 대서양 남쪽에 접해 있는 두

대류, 즉 남아메리카와 아
프리카의 해안선이 나란하
며 서로 잘 들어맞는다는
사실에 흥미를 느꼈다. 그
러나 이때만 해도 그는 대
륙이 이동하는 것은 불가
능한 일이라고 생각했다. 베
게너가 대륙이 이동한다는
생각을 구체적으로 갖게
된 것은 남아메리카와 아프
리카에서 공통으로 발견되
는 화석에 관한 논문을 접
하면서부터였다.

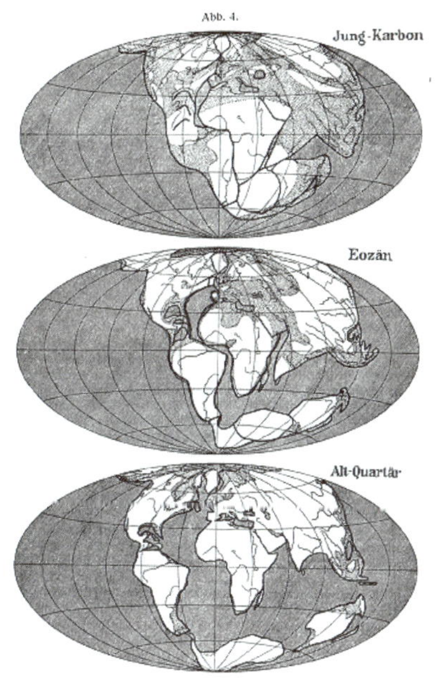

■ 베게너의 책에 소개된 대륙 이동의 역사.

　약 2억 년 전에 물 속에서 살았던 파충류의 일종인 메소사우루
스(*Mesosaurus*) 화석은 오늘날 남아메리카의 동쪽 해안 지역과 아프
리카의 서쪽 해안 지역에서만 발견된다. 만일 메소사우루스가 대
서양을 헤엄쳐서 이동할 수 있었다면, 메소사우루스의 유해는 남
아메리카와 아프리카뿐만 아니라 다른 대륙에서도 발견되어야 한
다. 그러나 메소사우루스 화석은 두 대륙의 대서양 쪽에 접한 지역
에서만 발견됐기에, 이것을 근거로 베게너는 먼 옛날에 두 대륙이
서로 붙어 있었다고 생각했던 것이다.

　또한 베게너는 인도, 오스트레일리아, 아프리카 그리고 남아메

리카에 분포하는 고생대 말기의 암석에서 빙하에 의해 형성된 빙퇴석이 발견됨을 알 수 있었다. 이 빙퇴석이 발견되는 지역은 현재 열대 또는 아열대 지역이며 위도 30도 이내에 놓여 있는 곳이다. 만일 대륙들의 위치가 고정되어 있었다면, 고생대 말에는 위도 30도 지역까지 빙하로 뒤덮일 정도로 추운 기후였음을 의미한다. 그러나 베게너는 고생대 말에 적도 부근의 기후가 따뜻했음을 알고 있었다. 오늘날 미국, 시베리아 그리고 유럽 지역에서는 고생대 말에 형성된 많은 석탄층이 발견된다. 이것은 이 지역들이 고생대 말에는 열대 기후였음을 의미한다.

이 모든 사실들을 종합한 결과, 베게너는 아프리카, 인도, 오스트레일리아 그리고 남아메리카가 남극을 중심으로 남반구에 모여 있어야 이 대륙들에서 산출되는 빙퇴석의 분포 양상이 보다 잘 설명된다고 보았다. 동시에, 이러한 대륙의 분포 양상으로 인해 북아메리카와 유라시아 같은 현대의 북반구 대륙들은 적도 근처에 위치했으며, 석탄층의 기원이 될 방대한 밀림으로 덮여 있었을 것이라고 생각했다.

나자식물의 한 종류인 글로소프테리스(*Glossopteris*)는 1828년 인도와 오스트레일리아에서 발견됐으며, 1858년에는 남아프리카에서도 처음으로 기록됐다. 1885년 오스트레일리아의 에드워드 수에스(Edward Suess)는 『지구의 모습(*The Face of the Earth*)』이라는 책을 발행하면서, 글로소프테리스가 산출되는 남부와 중앙아프리카, 인도, 마다가스카르 그리고 남부 브라질이 육교(land bridge)를 통해 서로 연결되어 곤드와나 대륙이라는 하나의 큰 대륙을 이루고 있었다고 제안했다. '곤드와나'의 이름은 글로소프테리스가 발견된 인도의 한 지역 이름에서 유래됐다. 오늘날 글로소프테리스는 곤드와나 대륙에서만 발견되는 전형적인 식물 화석이며, 로라시아 대륙에서는 발견되지 않고 있다.

베게너가 대륙 이동설을 제안한 것은 1912년이지만, 많은 과학자들의 관심을 끈 것은 그의 책이 영어로 번역된 1924년 이후이다. 그러나 수년간의 논쟁 뒤에 대륙 이동설은 많은 과학자들에 의해 부인됐다. 대륙 이동설을 부정하는 과학자들은 베게너가 제안한 대륙 이동설이 대륙을 이동시키는 방법을 분명히 설명하지 못한다고 지적했다. 베게너는 "달이 만드는 조수의 영향을 받아 대륙들이 서쪽으로 움직일 수 있다."라고 설명했다. 그러나 영국의 수학자이자 지구 물리학자였던 해럴드 제프리(Harold Jeffreys)는 "조석이 대륙을 이동시킬 만큼 강하다면 아마도 몇 년 뒤에는 지구의 자전이 멈출 것이다."라며 반박했다. 다시 베게너는 "쇄빙선이 얼음을 부수며 나아가는 것처럼, 크고 단단한 대륙이 해양 지각을 부수며 움직일 수 있다."라고 제안했다. 그러나 제프리는 "지구의 내부 물질이 고체인데 어떻게 대륙이 움직일 수 있나."라며 대륙 이동설을 비판했다. 사실 해양 지각은 대륙 지각보다 상대적으로 약하지만, 대륙의 움직임 때문에 해양 지각이 부서지거나 변형을 받은 증거들은 없었다.

대륙 이동설과 이 가설에 대한 반론은 1940년대까지 서로 대립

하고 있었지만, 그 후에는 대부분의 과학자들의 뇌리에서 사라졌다. 그러나 1950년대와 1960년대에 깊은 바다 속에 대한 해저 탐사가 가능해지면서 새로운 증거가 밝혀져 지구의 성질과 활동에 대한 생각이 바뀌었고 대륙 이동설에 대한 관심이 다시 일어났다. 1968년에 이르러, 대륙 이동설은 더욱 완벽한 이론인 판구조론 (Plate Tectonics)으로 발전했다.

오늘날 우리는 판(plate)이 1년에 수 센티미터씩 일정하게 움직인다는 것을 알고 있다. 판은 지구 내부의 열이 고르게 분포되어 있지 않기 때문에 이동한다. 대륙들은 판 위에 놓여 있다. 따라서 판의 움직임과 더불어 대륙들의 위치도 변한다. 46억 년 전 원시 지구가 탄생한 이후, 지구상의 대륙들은 끊임없이 움직여 왔다. 어떨 때는 하나로 뭉쳐 있기도 했으며, 또 어떨 때는 여러 대륙으로 나뉘어 있기도 했다. 아마 앞으로도 대륙과 해양은 끊임없이 움직여 자신들의 모습을 변화시킬 것이다. 앞으로 1억 년 후의 세계 지도는 어떤 모양일까?

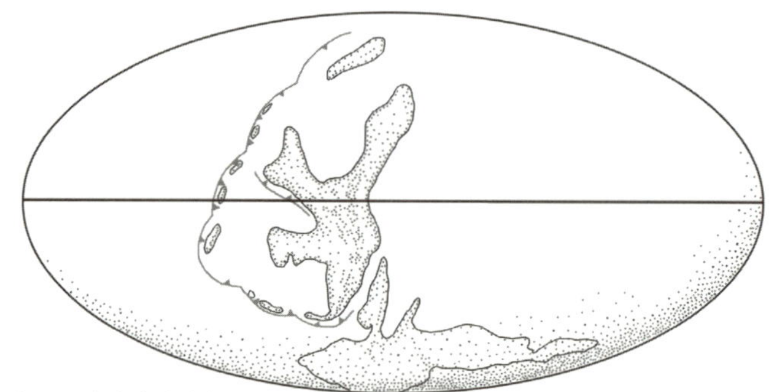

■ 6억 5000만 년 전(원생대 말).

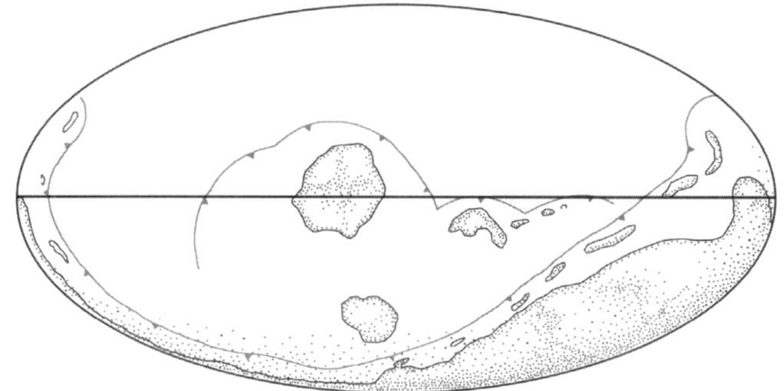

■ 5억 1400만 년 전(캄브리아기 말).

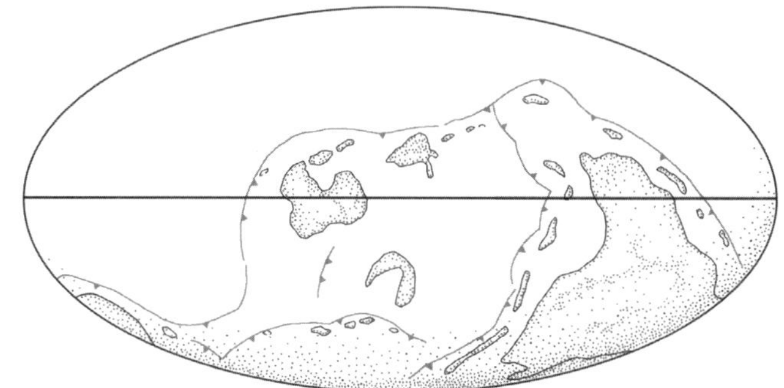

■ 4억 5800만 년 전(오르도비스기).

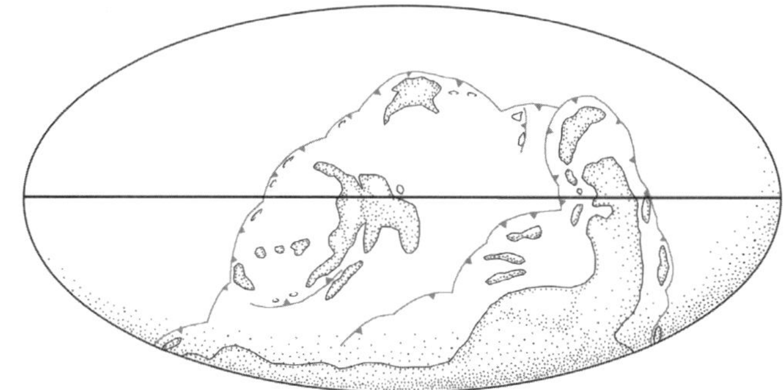

■ 4억 2500만 년 전(실루리아기).

■ 3억 9000만 년 전(데본기 초).

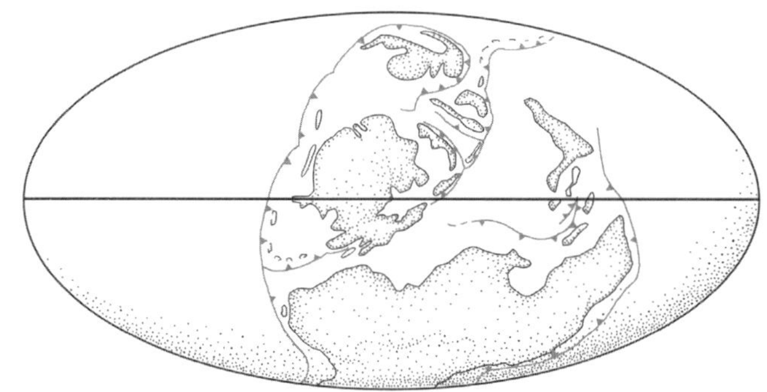

■ 3억 5600만 년 전(석탄기 초).

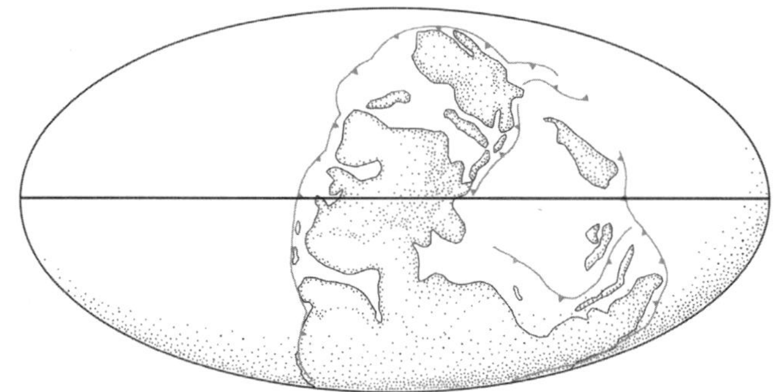

■ 3억 600만 년 전(석탄기 말).

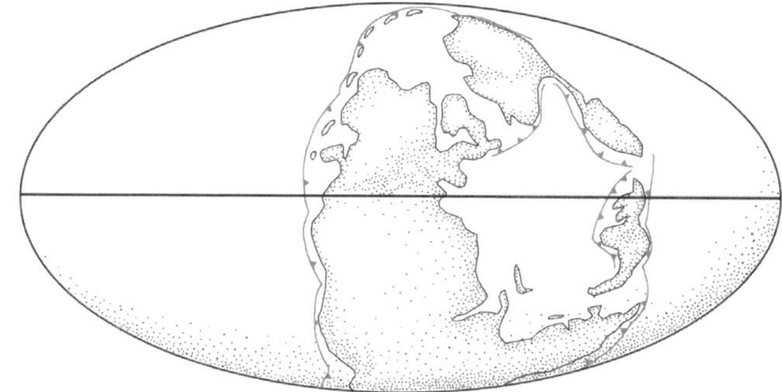

■ 2억 5500만 년 전(페름기 말).

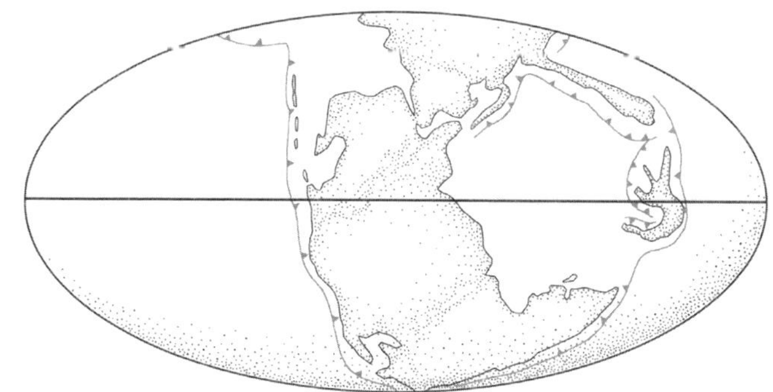

■ 2억 3700만 년 전(트라이아스기 초).

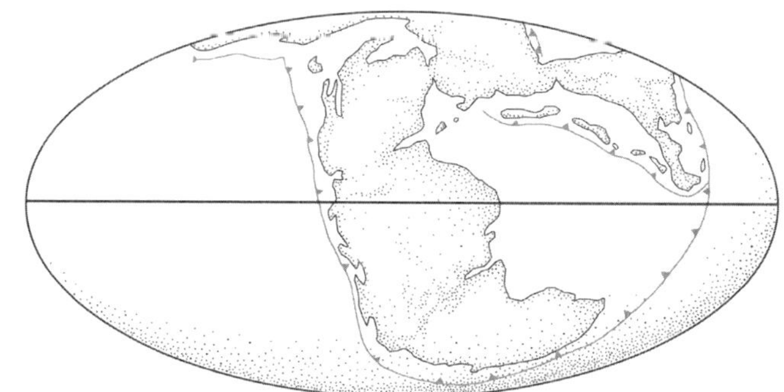

■ 1억 9500만 년 전(쥐라기 초).

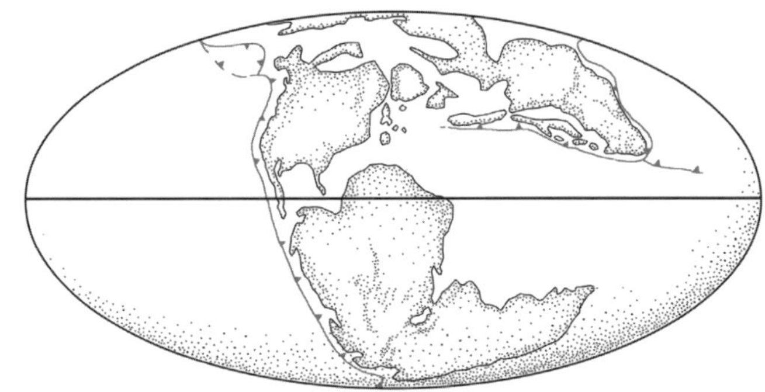

■ 1억 5400만 년 전(쥐라기 말).

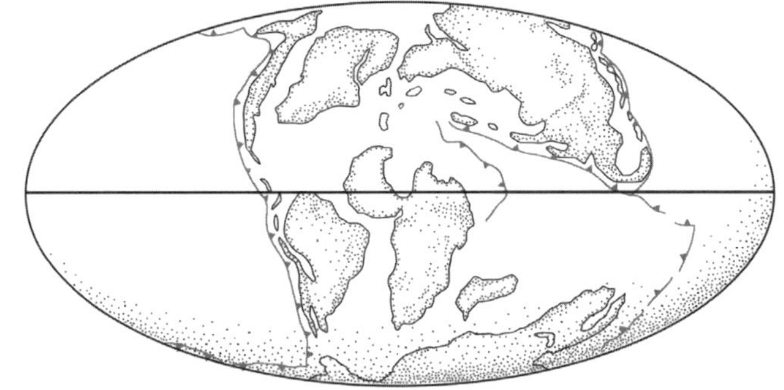

■ 9400만 년 전(백악기).

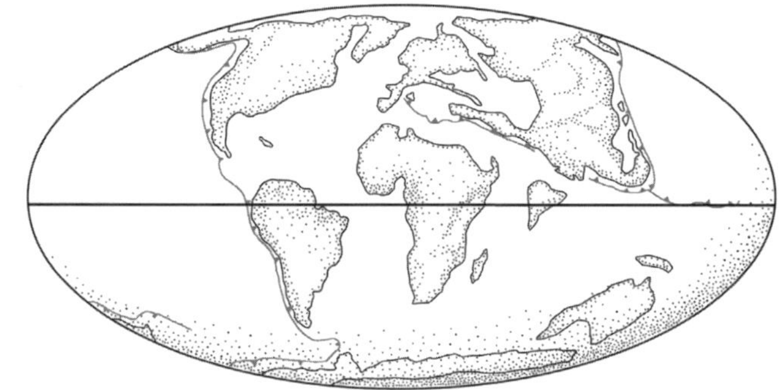

■ 5000만 년 전(제3기).

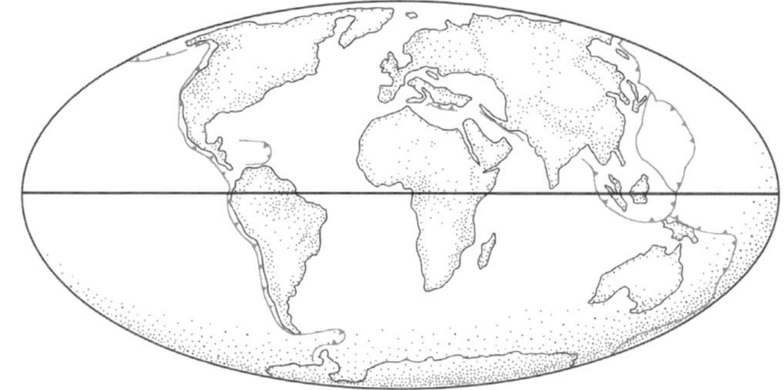

■ 1400만 년 전(제3기).

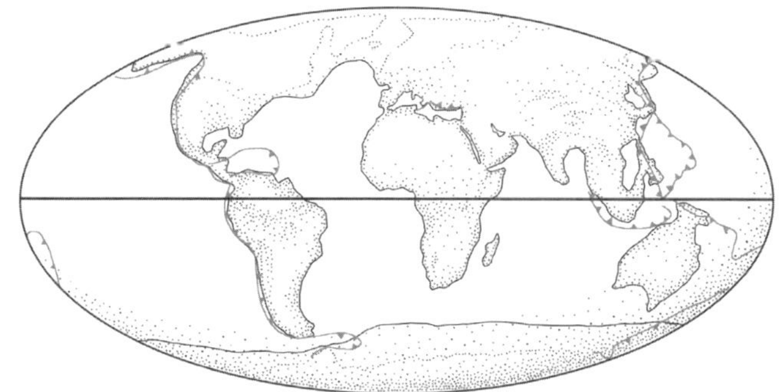

■ 1만 8000년 전(빙하기).

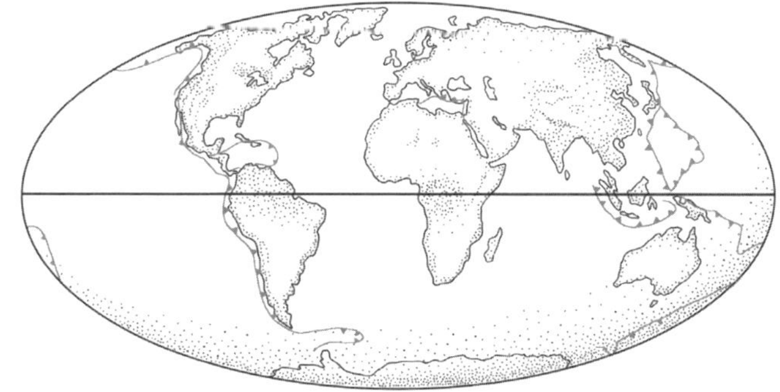

■ 현대.

최초의 공룡 화석 18

공룡 화석에 대한 본격적인 연구의 계기를 마련한 것은 영국 시골 마을의 한 의사 부부였다. 그 부부 덕분에 신화나 전설 속의 동물로만 여겨지던 거대 파충류의 존재가 세상에 알려졌으며 공룡 화석에 대한 연구가 본격적으로 시작될 수 있었다.

1822년 기드온 맨텔(Gideon A. Mantell)의 부인 메리 앤(Mary Ann)은 남편의 왕진을 따라 나섰다가 우연히 환자의 집 주변 공사장에서 돌 속에 박힌 커다란 이빨 화석 2개를 발견했다. 그러나 평소 화석 수집에 대한 취미를 지니고 있었고 특히 이빨 화석에 대해 관심이 많았던 맨텔도 앤이 발견한 이빨이 어느 동물의 것인지 짐작할 수 없었다. 다만 발견된 이빨의 끝이 뭉툭하게 닳아 있고 이빨의 크기가 현생 동물의 이빨보다 훨씬 더 큰 점을 근거로 거대한 초식 동물의 이빨일 것이라고 짐작할 뿐이었다.

이빨의 주인을 찾기 위해 노력하던 맨텔은 마침내 런던의 헌터리언(Hunterian) 박물관에서 결정적인 단서를 찾아냈다. 이곳에서 맨텔은 앤이 발견한 이빨이 현재 갈라파고스 섬에서 살고 있는 이구아나의 이빨과 매우 유사하다는 사실을 알 수 있었고, 이빨의 주인은 아마도 거대한 초식성 도마뱀일 것이라고 확신하게 됐다. 처음 이빨이 발견된 지 3년 후인 1825년에 맨텔은 이 동물의 이름을 '이구아나의 이빨'을 뜻하는 이구아노돈(*Iguanodon*)이라고 부를 것을 공식적으로 제안했다. 이로써 1824년 윌리엄 버클랜드(*William Buckland*)가 최초로 한 동물의 아래턱을 근거로 이 동물, 즉 공룡의 이름을 메갈로사우루스(*Megalosaurus*)로 제안한 이후, 이구아노돈은 공룡 중 두 번째로 이름을 갖게 됐다.

1834년 이구아노돈의 골격 일부가 이빨이 발견된 지층에서 발견됐다. 이를 바탕으로 맨텔은 이구아노돈의 크기와 형태를 추정할 수 있었다. 그는 이구아노돈을 코 위에 뿔을 가진 네발동물로 스케치했다. 그러나 이러한 묘사는 잘못된 것이었다. 맨텔이 이구아노돈의 뿔이라고 생각했던 것은 사실은 이구아노돈의 엄지앞발가락

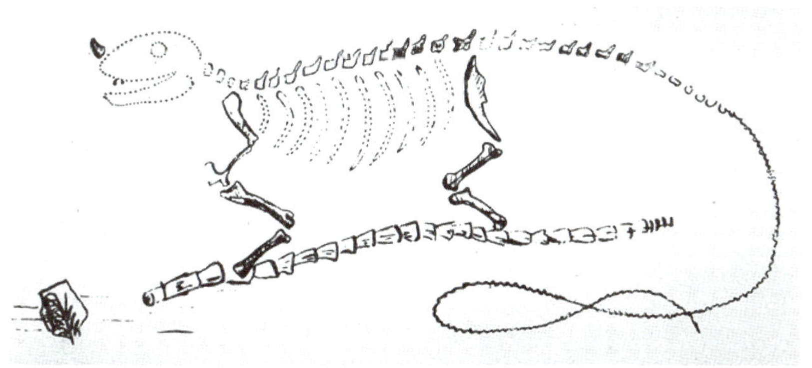

■ 맨텔이 그린 이구아노돈의 상상도.

이었다.

　이구아노돈의 모습이 보다 정확히 복원된 것은 1878년 벨기에 베르니사르(Bernissart) 지방의 한 탄광에서 약 38개체의 이구아노돈 골격이 발견된 이후이다. 130톤이 넘는 이 골격 표본들은 벨기에 고생물학자 루이 돌로(Louis A. M. J. Dollo)에 의해 연구됐고 이로 인해 이구아노돈에 대해 보다 자세히 이해할 수 있게 되었다. 그는 맨텔이 코끝의 뿔이라고 생각한 원뿔 모양의 골격이 실은 앞발의 엄지발가락이었으며, 이구아노돈이 두발로 걸었음을 밝혀냈다.

　이구아노돈은 몸길이가 8~12미터인 커다란 초식 공룡으로 백악기 초에 유럽, 아시아, 북아메리카 등 광범위한 지역에서 무리를 지어 생활하면서 소철, 침엽수, 양치류 등을 먹었을 것으로 추정된다. 두꺼운 머리뼈를 지녔으며, 식물을 뜯고 씹기에 알맞은 이빨과 턱 구조를 가졌고, 매우 특이한 형태의 앞발을 지녔다.

　이구아노돈은 두개골 앞쪽에 초목을 뜯는 데 적합한 이빨이 없는 부리를 지녔으며, 두개골 뒤쪽으로 먹이를 잘게 자를 수 있는 이빨을 지녔다. 이빨은 잎사귀 모양이었는데 이빨 양옆에는 톱니 날이 나 있어서 식물을 잘 끊을 수 있었다. 턱은 좌우로 움직일 수 있었으며 볼을 가지고 있어서 음식물을 씹을 수 있었다. 또한 이빨에 법랑질(에나멜질) 층을 지니고 있었기 때문에 거칠고 단단한 식물들도 효과적으로 뜯어먹을 수 있었고 이빨의 마모를 늦출 수 있었다.

　앞발의 발가락은 5개였는데, 이중 가운데 3개의 발가락은 길고 곧게 뻗어 있으며 가운데로 모인 반면, 첫 번째와 다섯 번째 발가락

■ 경상북도 고성군 덕명리 이구아노돈 발자국
화석 발견지에 세워진 이구아노돈 모형.

은 양옆으로 벌어져 있었다. 매우 날카롭고 단단한 원뿔 모양의 첫 번째 발가락은 아마도 육식 공룡에 대한 방어 무기로 사용되거나 식물의 뿌리를 파내는 도구로 사용됐을 것으로 추정된다. 사람의 엄지손가락처럼 안으로 구부릴 수 있는 다섯 번째 발가락은 식물을 움켜쥐고 뜯어먹을 때 썼을 것이다. 네발 보행을 할 때에는 앞발의 가운데 3개의 발가락이 몸무게를 지탱한 것으로 여겨진다.

두개골 구조를 자세히 관찰해 보면 감각 기관의 상대적인 발달 여부를 추정할 수 있는데, 복원된 이구아노돈의 두개골을 보면, 후엽이 잘 발달된 것을 볼 수 있다. 이것은 이구아노돈이 잘 발달된 후각과 미각을 지녔음을 의미한다.

이구아노돈이 최초로 발견됐을 때 보행 방식에 대해 많은 논란이 있었다. 맨텔은 이구아노돈을 도마뱀과 유사한 파충류로 여겨, 네발로 걷는 동물로 묘사했다. 그러나 돌로는 발견된 이구아노돈 골격 화석에 대한 자세한 연구를 통해 이구아노돈이 오늘날의 캥거루처럼 두 발로 서서 걸었으며 꼬리는 땅에 댄 자세를 취했다고 추정했다.

오늘날 학자들은 이구아노돈이 두발 보행과 네발 보행을 병행했던 것으로 여긴다. 또한 등뼈는 지면과 수평을 이뤘으며, 꼬리도 지면에서 떨어져 수평으로 들려 있었을 것으로 추정된다. 이구아노돈은 높게 자란 식물을 뜯거나, 적과 싸울 때 튼튼한 뒷다리로 선 상태에서 앞발을 이용했을 것이다. 그러나 낮게 자란 식물을 뜯어먹거나 안정된 자세를 취하기 위해 종종 네발을 사용했다. 즉 쉴 때

에는 네발을 이용했지만, 천천히 걷거나 주행 시에는 두발만 이용
했을 것이다. 두발 보행의 경우 뒷발의 왼발 그리고 오른발 순서로
걸었으며, 네발 보행의 경우에는 왼쪽 뒷발, 왼쪽 앞발, 오른쪽 뒷
발, 오른쪽 앞발의 순서로 걸었다. 우리나라에서도 경상북도 고성
군 덕명리 해안에서 이구아노돈의 발자국이 많이 발견되고 있다.

　　이구아노돈은 1841년 영국의 박물학자 리처드 오언(Richard Owen)
이 공룡 개념을 도입할 당시에 인용한 세 종류의 공룡 중 하나로,
근대 공룡 연구의 출발점이 된 공룡이다. 맨텔 부부의 화석에 대한
관심과 열정이 지구 역사의 한 페이지를 들춰 보는 것을 가능하게
만들었던 것이다.

2억 년 전 육지를 지배한 '무서운 도마뱀'

공룡(恐龍, Dinosauria)은 '무서운 도마뱀'이라는 뜻으로 그리스 어로 '무서운'이란 뜻의 'deinos'와 '도마뱀'이라는 뜻의 'sauros'를 합성한 말이다. 공룡 화석에 관한 가장 오래된 기록은 중국에 남아 있다. 3세기에 중국 쓰촨(四川) 지방에서 발굴된 거대한 뼈를 '용골(龍骨)'이라고 불렀으며, 약재로도 이용했다는 기록이다. 공룡 화석에 대한 가장 오래된 그림은 1677년 영국의 박물학자로 옥스퍼드 대학교 화학 교수였던 로버트 플롯(Robert Plot)이 그렸다. 그는 옥스퍼드셔에서 발견된 뼈를 그림으로 그렸는데 이것이 최초의 공룡 그림이다. 현재 이 뼈는 사라져 버렸지만, 그림과 설명으로 짐작컨대 메갈로사우루스(*Megalosaurus*)의 대퇴골로 추정된다.

메갈로사우루스라는 이름을 붙인 것은 1824년 윌리엄 버클랜드였다. 이것은 과학적으로 발견되고 연구된 최초의 공룡이었다. 메갈로사우루스는 1815년 옥스퍼드셔 근처의 스톤필드 채석장에서 발견된 한 동물의 아래턱을 근거로 제안된 것으로 '거대한 도마뱀'이라는 뜻이다.

1842년 영국의 고생물학자로 영국 자연사 박물관의 초대 관장을 지낸 리처드 오언은 일반적인 파충류와는 구분되는, 크기가 매우 큰 파충류 화석들을 따로 구분해 '공룡'이라고 부르자고 제안했다. 당시 오언이 알고 있던 공룡의 종류는 겨우 세 종류로 이구아노돈, 메갈로사우루스, 힐라에오사우루스(*Hylaeosaurus*)뿐이었다.

공룡을 정의하는 특징은 세 가지 있다. 첫째, 공룡은 중생대(2억 5100만 년 전부터 6550만 년 전까지의 기간)에만 생존했던 파충류이다. 가장 오래된 공룡 화석은 1991년 남아메리카 아르헨디나의 2억 2500민 년 전 암석에서 발견된 에오랍토르(*Eoraptor*)이다. 이후 공룡은 1억 6000만 년 동안 지구를 지배하다가, 6550만 년 전에 멸종됐다. 파충류는 몸에 비늘이 있고 알을 낳는데, 발견된 공룡의 알 화석과 비늘로 되어 있는 피부 화석은 공룡이 파충류임을 보여 준다.

둘째, 공룡은 다리가 몸 아래로 수직으로 뻗어 있어서 반듯하게 걸을 수 있다. 현존하는 파충류인 도마뱀, 거북, 악어 등은 몸 양옆으로 다리가 붙어 있으며 길을 때에는 몸체는 비틀고 다리는 큰 원을 그리면서 걷는다.

셋째, 공룡은 육상에서만 서식했다. 따라서 하늘을 나는 파충류였던 익룡이나 물속에 살았던 파충류인 수장룡, 어룡 등은 공룡이 아니다. 이 외에도 공룡은 두개골의 형태에서도 차이가 난다. 공룡을 포함한 파충류의 두개골은 이궁형으로 눈구멍 뒤쪽에 두 쌍의 구멍이 발달했지만, 포유류는 단궁형으로 눈구멍 뒤에 한 쌍의 구멍이 발달해 있다.

■ 영국 시더넘의 수정궁에 있던 벤저민 워터하우스 호킨스의 멸종 동물 모형실. 리처드 오언이 콘크리트, 돌, 철로 만든 것이다.

공룡의 크기는 다양하다. 보통 몸집이 거대한 파충류들만을 공룡으로 생각하기 쉽지만, 사실 육식 공룡인 콤프소그나투스(*Compsognathus*)는 몸길이가 1미터 정도였다. 반면 몸길이가 가장 긴 공룡은 세이스모사우루스(*Seismosaurus*)로 콤프소그나투스의 50배에 달했다. 가장 키가 큰 공룡은 브라키오사우루스(*Brachiosaurus*)였으며 높이가 16미터에 이르렀다. 하지만 이들의 두개골은 체구에 어울리지 않게 매우 작았다.

암석에 찍힌 공룡의 발자국 형태를 분석하면 공룡의 종류와 행동 그리고 걷는 속도를 계산할 수 있다. 분석에 따르면 가장 빨리 달릴 수 있었던 공룡은 백악기 후기에 살았던 육식 공룡인 스트루티오미무스(*Struthiomimus*)로 시속 80킬로미터 정도의 속도를 낼 수 있었을 것으로 추정된다. 또 다른 육식 공룡인 알로사우루스(*Allosaurus*)가 시속 40킬로미터로 달릴 수 있었던 것으로 추정되니, 같은 육식 공룡이더라도 스트루티오미무스의 속도가 얼마나 빨랐는지 짐작할 수 있다. 반면 거대한 용각류와 각룡류, 그리고 검룡류 등의 초식 공룡들은 시속 15~30킬로미터의 속도로 이동했다.

공룡은 종류에 따라 다양한 모양과 크기의 알을 낳았다. 예를 들어, 어떤 공룡은 메추리알 정도의 크기에 모양도 동그란 알을 낳지만, 어떤 공룡의 알은 길이가 수십 센티미터에 이르고 모양도 길쭉한 타원형이었다. 공룡과 공룡 알의 크기는 서로 관계가 있을까? 꼭 그렇지는 않다. 작은 알이 자라서 아주 거대한 공룡이 되기도 했다. 현재까지 발견된 가장 큰 공룡 알은 50센티미터 정도로, 다른 어떤 공룡도 이것보다 더 큰 알을 낳았을 것 같지는 않다. 이것은 알의 크기가 커지면 껍질도 두꺼워져야 구조적으로 안정될 수 있는데, 너무 두꺼운 경우 알 속의 태아가 부화할 때 껍질을 깨고 나올 수 없기 때문이다.

또한 알껍데기에는 산소가 출입하는 숨구멍이 나 있는데, 알의 크기가 커지면 태아가 자라는 데 필요한 산소가 충분히 공급되지 못하기 때문이기도 하다. 공룡 종마다 낳는 알의 개수는 다르지만 보통 한 번 알을 낳을 때 20개 안팎의 알을 낳았다. 또한 알을 둥지에 배열하는 방식도 서로 달라서 어떤 공룡은 불규칙하게 배열하면서 알을 낳은 반면 어떤 공룡은 둥지의 가운데에서 바깥쪽으로 돌아가면서 알을 낳기도 했다.

공룡이 냉혈 동물인지 아니면 온혈 동물인지에 대한 논의는 많이 있어 왔다. 냉혈 동물은 오늘날의 양서류나 파충류처럼 외부 온도에 따라 체온이 변화하는 동물이며, 온혈 동물은 조류나 포유류처럼 항상 일정한 체온을 유지하는 동물이다. 공룡은 큰 범위에서 보면 파충류에 속하므로 당연히 냉혈 동물일 것 같다.

몸집이 큰 용각류 공룡을 예로 들어 생각해 보자. 만약 용각류 공룡이 온혈 동물이라면 에너지를 빠르게 소모하므로 많은 음식 에너지를 필요로 할 것이고 따라서 하루 시간의 대부분을 먹는 데 소비했을 것이다. 온혈 동물의 경우 같은 크기의 냉혈 동물보다 10배 정도 더 많은 음식을 먹어야 한다고 한다. 같은 온혈 동물을 비교하더라도 오늘날 몸무게가 4톤인 코끼리가 하루에 300킬로그램의 먹이를 먹으므로 아마도 용각류 공룡은 하루에 수 톤을 먹어야만 했을 것이다. 그러나 이들이 하루 종일 먹더라도 수 톤을 먹을 수 있었다고는 여겨지지 않는다. 이러한 점들을 고려한다면 용각류 공룡은 냉혈 동물이었을 것이다.

그런데 최근 연구에 따르면 대형 공룡의 먹이 섭취량은 의외로 적었다고 한다. 몸무게가 8톤인 공룡은 하루에 600킬로그램 이하를 먹었을 것으로 추정하고 있다. 이것이 가능한 것은 아마도 몸집이 큰 용각류 공룡은 체적에 대한 표면적 비가 작기 때문에 체외로 방출되는 열이 적었기 때문이었을 것이다. 또 다른 측면도 있다. 만일 용각류 공룡이 냉혈 동물이라면 햇빛을 이용해 그 큰 몸집의 체온을 올리는 데 오랜 시간이 걸렸을 것이며 이것은 불가능했을 것으로 여겨진다. 공룡의 성장 속도도 다양하다. 공룡 뼈를 살펴보면 성장 속도를 알 수 있는데, 어떤 종류는 조류나 포유류처럼 어릴 때에는 성장이 매우 빠르다가 일정 시점이 되면 성장이 멈추지만, 어떤 종류는 현생 파충류처럼 계속 성장했다.

이처럼 공룡은 온혈과 냉혈의 다양한 특성을 보여 주기 때문에 한두 가지 증거만 가지고 공룡의 생태를 밝혀내기는 쉽지 않을 것 같다. 아마도 공룡은 종별로 서로 다른 생태를 발달시켰을지도 모른다.

최근 고생물학자인 스콧 샘슨(Scott D. Sampson)은 공룡들 대부분이 저비용 외온성 동물과 고비용 내온성 동물의 중간에 해당하는 대사율을 지녔다는 골디락스(Goldilocks) 가설을 제안했다. 이 가설에 따르면 공룡은 중온성(mesotherm) 대사를 하며, 극단적으로 에너지 비용이 높은 내온성 물질 대사를 하지 않고 비용이 적게 드는 외온성 물질 대사를 할 수 있다. 그 덕분에 에너지를 성장을 극대화하는 방향으로 쓸 수 있었고 거대한 덩치를 가진 생물로 진화할 수 있었다는 것이다.

이처럼 트라이아스기 후기에 최초로 출현한 공룡은 진화 단계 초기부터 다른 파충류와는 구별되는 특징들을 발달시켰다. 흔히 우리는 공룡이 '우둔하고 느릿느릿 움직이는 파충류'로 알고 있지만 그들은 다양한 기능과 형태를 발달시켜 1억 6000만 년 이상 지구를 지배할 수 있었다. 만물의 영장이라 스스로를 일컫는 인류는 약 400만 년 전 지구에 출현했다. 그들은 얼마나 오랫동안 지구에서 생존할 수 있을까?

20

쥐라기 공원의 공룡들

쥐라기는 1억 9900만 년 전부터 1억 4500만 년 전까지의 기간이다. 쥐라기가 시작되면서 초대륙 판게아는 서서히 분리되기 시작했다. 쥐라기 초에 지구의 기후는 춥고 건조했지만 시간이 지남에 따라 따뜻해지고 습해졌다. 브라키오사우루스, 디플로도쿠스(*Diplodocus*) 같은 거대한 크기의 초식 공룡과 알로사우루스 같은 육식 공룡을 포함하는 용반류 공룡이 크게 번성했다. 스테고사우루스 같은 조반류도 생존했다. 그런데 용반류는 뭐고, 조반류란 뭘까?

1887년 해리 실리(Harry Seeley)는 공룡을 골반의 형태에 따라 도마뱀과 비슷한 골반을 가진 용반류(龍盤類, Saurischia)와 조류와 비슷한 골반을 가진 조반류(鳥盤類, Ornithischia)의 두 그룹으로 분류했는데, 이러한 분류는 지금까지도 널리 받아들여지고 있다. 골반은 장골(ilium), 치골(pubis) 그리고 좌골(ischium)의 세 가지 뼈로 구성되는데, 용반류와 조반류의 가장 큰 차이점은 치골의 위치이다.

용반류는 긴 목, 움켜쥘 수 있는 능력을 가진 앞발, 앞발가락 중

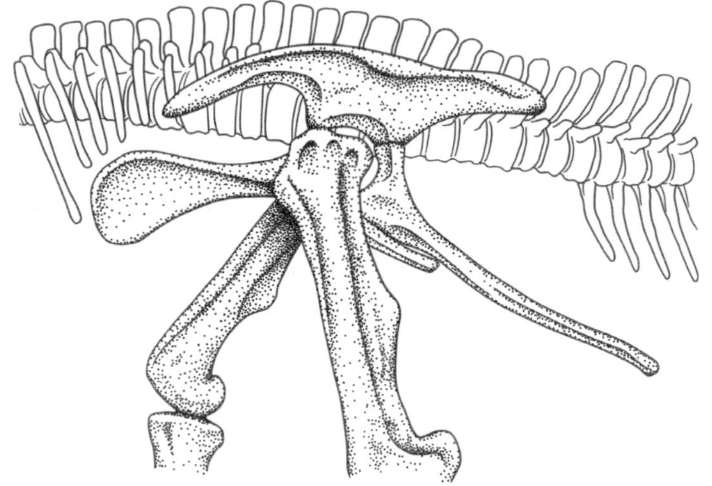

조반류 공룡의 골반

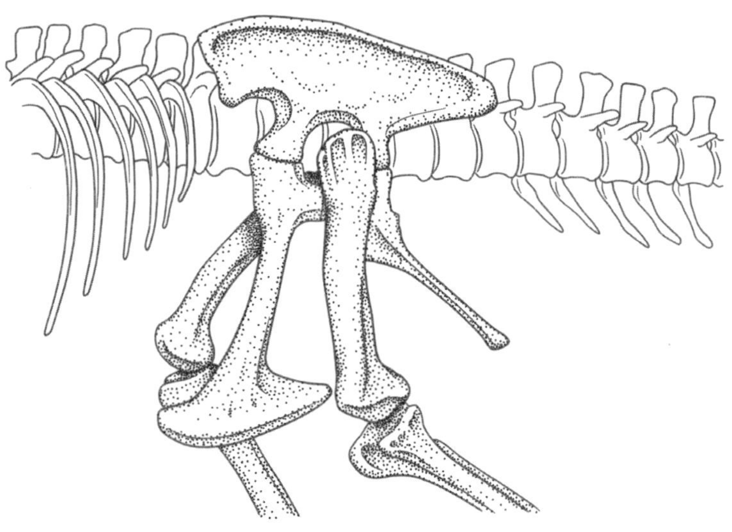

용반류 공룡의 골반

■ 공룡의 골반뼈 구조.

두 번째 발가락이 가장 긴 무리로, 골반의 형태를 보면 치골은 앞쪽으로 뻗어 있고 좌골은 뒤쪽으로 뻗어 있어 골반이 삼각형을 이루고 있다. 용반류 공룡은 크게 거대한 체구와 긴 목을 지닌 초식 공룡인 용각형류와 조류의 기원이 된 수각류(獸脚類, Theropoda)의 두 그룹으로 분류된다.

용각형류는 작은 두개골, 긴 목, 거대한 몸집, 긴 꼬리를 가진 네발로 걷는 초식 공룡이 주를 이루며, 트라이아스기 후기에 처음 등장해 쥐라기 조기에 멸송한 원시 용각류(原始 龍脚類, Prosauropoda)와 쥐라기 전기에 출현해 쥐라기 후기에 가장 번성했던 용각류(龍脚類, Sauropoda)의 두 그룹으로 분류된다. 원시 용각류는 두발로 걷는 몸집이 작은 형태에서 네발로 걷는 큰 형태에 이르기까지 다양한 형태를 포함하며, 플라테오사우루스(*Plateosaurus*), 루펭고사우루스(*Lufengosaurus*), 무스사우루스(*Mussaurus*) 등이 포함된다. 용각류는 지구상에 나타난 육상 동물 중 가장 큰 동물로 네발로 걸었다. 원시 용각류와 비교할 때 목과 꼬리는 길어지고, 발가락 숫자는 감소하며, 콧구멍은 머리 위로 이동하는 방향으로 진화했다. 우리가 흔히 브론토사우루스로 알고 있는 아파토사우루스(*Apatosaurus*), 브라키로사우루스, 세이스모사우루스, 디플로도쿠스, 슈노사우루스(*Shunosaurus*) 등이 포함된다.

디플로도쿠스는 작은 두개골, 긴 목, 거대한 몸집, 긴 꼬리, 앞다리보다 길고 튼튼한 뒷다리를 지니고 있다. 1878년 코모 블러프(Como Bluff)가 미국 와이오밍 주에서 최초로 발견했으며, 고생물학자 오스니엘 마시(Othniel C. Marsh)가 디플로도쿠스로 명명했다. 미국의 와이오밍 주, 콜로라도 주 그리고 유타 주에서 디플로도쿠스의 골격이 발견된다. 디플로도쿠스의 두개골은 화석으로 잘 발견되지 않는데, 몸집에 비해 매우 작으며, 크기는 최대 27센티미터를 넘지 않는다. 디플로도쿠스는 매우 긴 목과 꼬리를 지니고 있었는데, 과거에는 긴 목을 들어올린 채 살았던 것으로 묘사됐다. 하지만 최근에는, 목을 어깨높이 이상으로 들지 못했으며 따라서 낮게 자라는 식물을 뜯어먹었으며, 긴 꼬리는 목과 균형을 이루는 작용을 한 것으로 여겨진다. 디플로도쿠스는 꼬리 뒤쪽에 셰브론(chevron)이라는 人자 모양의 돌기들을 가졌다. 이 돌기들은 미추(공룡의 꼬리를 구성하는 척추뼈)의 아래쪽 면과 연결되어 있었다. 디플로도쿠스는 셰브론의 가운데 홈으로 혈관이 지나가게 해 혈액이 꼬리 끝까지 안전하

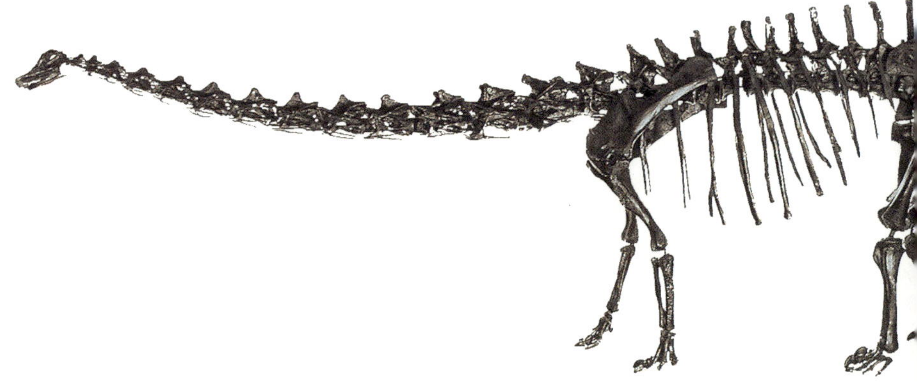

게 공급되게 했으며 또한 돌기를 이용해 꼬리의 혈관을 보호했다.

수각류는 '짐승의 다리(beast foot)'라는 뜻으로 1881년 미국의 고생물학자 마시가 당시에 알려져 있던 육식 공룡을 지칭하는 용어로 처음 사용했다. 수각류는 트라이아스기 후기에 출현해 백악기 말에 멸종했다. 날카로운 발톱과 톱니 날이 발달한 이빨로 다른 공룡을 사냥한 포식자로, 튼튼한 뒷다리로 두발 보행을 하며 빠르게 움직일 수 있었다. 수각류는 빨리 뛰기 위해 뼈의 속을 비워서 몸무게를 가볍게 하는 방향으로 그리고 5개의 발가락 중 가운데 세 발가락을 발달시키는 방향으로 진화했다. 케라토사우루스(Ceratosaurus), 메갈로사우루스, 알로사우루스, 티라노사우루스(Tyrannosaurus) 등 널리 알려져 있는 육식 공룡이 여기 포함된다.

쥐라기의 가장 강력한 육식 공룡은 알로사우루스이다. 알로사

■ 디플로도쿠스의 전신 화석.

우루스는 몸길이가 약 12미터이고, 두발 보행을 했으며, 크고 튼튼한 두개골, 짧은 목, 강한 턱, 날카로운 이빨, 긴 꼬리를 지녔다. 가장 큰 특징은 머리 위, 눈 앞쪽에 나 있는 한 쌍의 짧은 뿔이다. 뒷발과 비교할 때 매우 짧은 앞발은 크고, 날카로운 3개의 발가락을 지녔다.

티라노사우루스는 '폭군 도마뱀'이라는 뜻으로, 백악기 후기의 가장 강력한 육식 공룡이었다. 티라노사우루스는 몸길이가 약 12미터이고, 높이는 4미터, 몸무게는 6톤이 넘었으며, 튼튼한 뒷다리로 걸었다. 커다란 두개골, 짧고 두꺼운 근육질의 목, 강력한 턱, 가장자리가 톱니 같은 튼튼하고 날카로운 이빨, 2개의 발가락을 지닌 앞발, 커다란 3개의 발가락이 있는 뒷발을 지녔다. 티라노사우루스는 두개골의 길이가 1.5미터에 달했던 것으로 알려져 있는데 이것은 지구가 탄생한 이후 현재까지 출현한 육상 동물 중 가장 큰 것이다. 티라노사우루스가 지닌 거대하고 강력한 턱과 날카로운 이빨은 이들이 강력한 포식자였음을 알려준다.

최근 미국 버클리 대학교의 에릭슨 박사 연구팀은 초식 공룡 트리케라톱스의 골반 뼈에 나 있는 티라노사우루스의 이빨 자국을 근거로 티라노사우루스의 물어뜯는 힘을 계산했다. 이 계산에 따르면 티라노사우루스의 물어뜯는 힘은 최대 1만 3400뉴턴으로 추산됐는데, 이 값은 오늘날 물어뜯는 힘이 가장 센 동물로 알려진 북아메리카악어가 물어뜯는 힘과 비슷하다.

보석이 된 화석들

21

46억 년의 지구 역사에서 많은 생물들이 화석으로 변했다. 이중 어떤 화석들을 인간이 보석으로 소중하게 여겼다. 일반적으로 보석은 빛깔이나 광택이 아름답고, 견고하며, 산출량이 적은 특징을 가지고 있다. 보석으로 이용되는 화석을 알아보자.

호박(amber) 호박은 나무가 상처를 입었을 때 나오는 수액(송진)이 단단하게 굳은 것이다. 때때로, 끈적거리는 수액에 잡혀 함께 단단하게 굳어서 화석으로 보존된 곤충들이 관찰되기도 한다. 색은 주로 황금빛이지만, 붉은색이나 검정색 호박도 관찰된다. 산지로는 발트 해 연안 지역이 유명하며, 멕시코, 프랑스, 독일, 캐나다, 미국 등지에서도 산출되고 있다.

상아(ivory) 상아는 보통 포유류의 이빨 또는 엄니(포유류 위턱의 앞니나 송곳니가 성장해 길고 커져서 입 밖으로 돌출한 이빨)를 일컫는 말이다. 이빨과 엄니의 대부분은 상아질(치질, 齒質)로 이루어져 있으며, 상아질은 보통 단단한 법랑질(琺瑯質, 에나멜질)과 시멘트질로 덮여져 보호되기도 한다. 화석으로 발견되는 생물들 중 상아를 가졌던 대표적인 생물은 매머드와 마스토돈이다. 이중 매머드의 엄니는 매우 장대해서 길이가 4.5미터에 이르기도 했다. 상아의 색은 보통 크림색이다. 구석기 시대의 유물 중에는 매머드의 엄니로 만든 사냥 기구가 많이 발견되고 있다.

오팔(opal) 오팔(단백석)은 보통 퇴적암의 공동이나 암석의 열극에 실리카(SiO_2) 성분이 쌓인 뒤 단단하게 굳어진 형태로 나타나지만, 먼 옛날에 살았던 나무줄기 또는 조개와 뼈의 유기질에 실리카 성분이 침투해 치환되어 나타나기도 한다. 따라서 나무에 실리카 성분이 침투되어 굳어져서 만들어진 규화목은 오팔의 일종이다.

흑옥(jet) 흑옥은 딱딱하고 검은 석탄의 일종이다. 즉 흑옥은 먼 옛날에 살았던 식물들이 지하에 매몰된 후 열과 압력으로 인해 물리적·화학적 변화를 받아 변질되어 형성된 검은돌이다. 색은 검정색 또는 짙은 갈색이며, 황동빛을 내는 황철석(pyrite)을 함유하기도 한다. 기록을 살펴보면 기원전 1400년경부터 흑옥을 채굴한 흔적이 있으며, 선사 시대의 동굴이나 유적에서 흑옥으로 제작한 유물들이 발견되고 있다. 흑옥은 전통적으로 수도승들을 위한 묵주로 제작됐으며, 19세기에 이르러 장례용 보석류로 광범위하게 사용됐다. 오늘날 흑옥은 영국, 스페인, 프랑스, 독일, 인도, 캐나다, 미국 등지에서 산출되고 있다.

우리는 앞에서 인간에게 보석으로 여겨지는 화석들을 알아보았다. 그러나 이 화석들뿐만 아니라, 많은 화석 표본들이 지구상의 생

■ 화석화된 곤충이 포함되어 있는 호박.

명의 역사를 알려주는 훌륭한 자료들이며 그 자체의 희소성 때문
에 귀하게 취급되고 있다. 보존이 잘 된 일부 화석 산지들이 인류의
유산으로 지정되는 이유도 같은 맥락이다. 화석은 그 자체로 보석
이다.

22

백악기는 1억 4500만 년 전부터 6550만 년 전까지의 기간이다. 백악기 중반에 이르러 대륙들은 오늘날과 비슷한 모양을 갖추기 시작했다. 백악기 초에 지구의 기온은 높았지만 후기로 갈수록 점차 추워졌다. 안킬로사우루스(*Ankylosaurus*), 프시타코사우루스(*Psittacosaurus*), 트리케라톱스(*Triceratops*), 파키케팔로사우루스(*Pachycephalosaurus*) 같은 조반류 공룡과 티라노사우루스와 벨로시랍토르(*Velociraptor*) 같은 육식 공룡을 포함하는 용반류가 번성했다.

조반류는 트라이아스기 후기에 처음 출현해 다양한 생활 방식을 발달시켰다. 모두 초식 공룡으로 보통 두발로 걸었다. 쥐라기 후기에 그 수가 많이 증가했으며 백악기에 이르러서는 크게 번성했다.

조반류는 치골이 뒤쪽으로 뻗어 있어 좌골과 나란히 배열되기 때문에 조류의 골반과 유사하다. 그러나 실제로 조류는 수각류에서 진화했기 때문에 조류와 조반류는 아무런 관련이 없다. 오늘날 조류의 치골이 뒤로 뻗어 있는 이유는 수각류가 하늘을 날게 되면서 치골이 뒤로 향하게 됐기 때문이다. 원시 조반류, 티레오포라(*Thyreophora*), 마르기노케팔리아(*Marginocephalia*), 조각류(鳥脚類, *Ornithopoda*) 등을 포함한다. 원시 조반류는 가장 원시적인 형태로, 모든 조반류들은 다리가 길고 두발로 걷는 원시 조반류에서 진화했다. 레소토사우루스(*Lesothosaurus*)가 포함된다.

티레오포라는 등이 골판으로 덮여 있는 종류로 검룡류(劍龍類, *Stegosauria*)와 곡룡류(曲龍類, *Ankylosauria*)가 잘 알려져 있다. 검룡류는 두개골이 작으며, 대체로 큰 몸집을 가졌고, 등과 꼬리에 한 줄 내지 두 줄의 커다란 골판과 골창이 발달해 있으며, 네발 보행을 했다. 스테고사우루스(*Stegosaurus*), 켄트로사우루스(*Kentrosaurus*) 등이 포함된다. 스테고사우루스는 '판(板)이 있는 파충류'라는 뜻으로 쥐라기에 번성했다. 등에 일렬로 늘어선 골판은 초기에는 적과 대

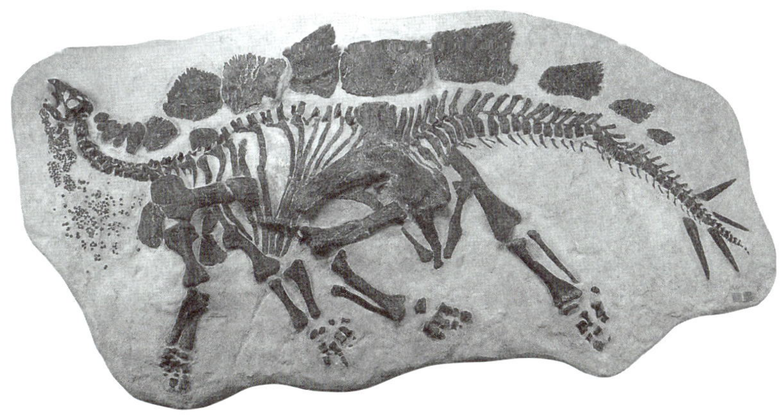

■ 스테고사우루스의 화석.

항하는 무기로 생각했지만, 자세히 관찰해 본 결과 등판에 핏줄이 지나간 작은 홈들을 관찰할 수 있었고, 그 결과 이제는 체온 조절에 사용됐을 것으로 여겨진다. 꼬리에 발달해 있는 골창은 적과 싸울 때 썼을 것이다.

곡룡류는 둥글거나 사각형의 골편으로 짧고 육중한 몸을 무장한 갑옷 공룡이다. 이들은 주로 백악기에 번성했는데, 따라서 쥐라기에 번성한 검룡류보다 더 효과적인 방어 체계를 지녔다. 이 무리 중 어떤 공룡은 꼬리에 곤봉 모양의 골 조직을 가지기도 했으며 눈을 보호하기 위해 뼈로 된 눈꺼풀을 발달시키기도 했다. 에드몬토니아(*Edmontonia*), 사우로펠타(*Sauropelta*), 안킬로사우루스(*Ankylosaurus*) 등이 포함된다.

케라포다(*Cerapoda*)는 어금니의 한쪽 면에 법랑질 층을 발달시킨 무리이다. 위턱과 아래턱의 경우 법랑질 층이 발달된 면이 서로 달랐는데, 위턱의 어금니는 바깥쪽 면에 그리고 아래턱의 어금니는 안쪽 면에 법랑질 층을 비대칭적으로 발달시켜, 음식물을 씹어 으깨는 효율을 높일 수 있었다. 케라포다는 마르기노케팔리아(Marginocephalina)와 조각류로 나뉜다.

마르기노케팔리아는 다시 파키케팔로사우리아(Pachycephalosauria)와 각룡류(角龍類, Ceratopsia)로 크게 구분된다. 파키케팔로사우리아에는 파키케팔로사우루스(*Pachycephalosaurus*), 스테고케라스(*Stegoceras*) 등이 포함된다. 파키케팔로사우루스는 머리뼈 꼭대기에 돔 형태의 두껍고 단단한 뼈를 발달시켰으며, 콧등과 두개골 뒤쪽

■ 백악기의 육식 공룡 알버트사우루스의 화석.

에 뼈로 된 장식을 갖고 있어서, 흔히 박치기 공룡으로 불린다. 수컷들은 아마도 짝짓기 때에 경쟁자를 물리치기 위해 서로 머리를 부딪치거나 상대방의 몸을 들이받으며 싸웠을지도 모른다. 최근 박치기 공룡의 머리뼈 구조를 자세히 연구한 바에 따르면, 머리뼈에는 충격을 흡수할 수 있는 구조적인 장치가 없었기 때문에, 머리를 부딪치는 행동을 하지 않았을 것으로 해석됐다.

흔히 뿔공룡이라고도 불리는 각룡류는 초식성으로 네발 보행을 했다. 앵무새의 부리같이 생긴 주둥이 뼈를 이용해 식물을 뜯고 뒤의 이빨로 먹이를 잘게 씹을 수 있었다. 머리 뒤에 육식 공룡으로부터 자신을 보호하기 위한 목털(prill)이 있고 뿔이 난 것도 있다. 아마도 뿔과 프릴은 육식 공룡으로부터 자신을 방어하기 위해 발달했을 것이다. 그러나 초기에는 자기 종족을 인식하기 위해 발달했을지도 모른다. 뿔의 수와 모양은 다양했다. 각룡류에는 프시타코사우루스(*Psittacosaurus*), 프로토케라톱스(*Protoceratops*), 트리케라톱스 등이 포함되며 백악기에 살았다.

조각류는 두발로 걸어 다니고, 세 발가락을 지녔으며, 치열보다 낮은 턱 관절을 갖는 방향으로 진화했다. 쥐라기 후기에는 작은 앞발을 지면에 대고 부분적으로 네발로 걸었던 몸집이 큰 조각류가 출현했다. 헤테로돈토사우루스(*Heterodontosaurus*), 힙실로포돈(*Hypsilophodon*), 이구아노돈, 마이아사우라(*Maiasaura*), 하드로사우루스(*Hadrosaurus*) 등이 여기 포함된다.

하드로사우루스류는 부리가 오리주둥이 같았기 때문에 흔히 오리주둥이공룡으로 불린다. 이들 중 두개골에 부채꼴이나 관 모양의 볏이 발달한 종류를 람베오사우루스류라고 부른다. 이들의 머리에 달린 볏은 코와 목과 연결되어 있어서 소리를 내거나 냄새를 맡을 수 있었으며, 다양한 형태에 따라 다양한 소리를 낼 수 있었다. 백악기 후기에 번성했던 파라사우롤로푸스(*Parasaurolophus*)는 콧등 부분에서 머리 뒤쪽으로 2개의 관으로 이루어진 긴 볏을 지녔는데, 각각의 관 속은 비어 있었으며 관 끝에서 서로 연결되어 있었다. 아마도 소리를 내기 위한 구조물로 짝짓기를 할 때 이용했을 것이다. 기다란 볏을 뽐내고 소리를 내면서 암컷을 꾀었을 것이다.

하늘을 나는 파충류, 익룡 23

2001년 경상남도 남해안의 한 무인도에서 익룡의 날개 뼈가 발견 됐다. 이번 발견은 1997년 전라남도 해남군 우항리에 분포하는 백악기 암석에서 발견된 익룡의 날개 일부분으로 보이는 뼈에 이어 익룡 화석으로는 우리나라에서 두 번째로 발견된 것이지만, 이번 것은 익룡 앞발의 네 번째 발가락의 첫마디가 거의 완전한 형태로 보존되어 있어 연구 가치가 높다.

발견된 익룡의 날개 뼈는 길이 30센티미터, 너비 3센티미터인데, 이것으로 볼 때 이 화석을 남긴 익룡은 양쪽 날개를 펼친 길이가 약 3.4미터에 이를 것으로 추정된다. 그리고 1억 년 전인 백악기 초에 살았을 것이다.

익룡(Pterosaurs)은 1834년 요한 카우프(Johann J. Kaup)가 '날개를 지닌 파충류'를 명명하는 용어로 제안한 것이다. 그리스 어로 '프테론(Pteron)'은 '날개'를 뜻하며 '사우리아(Sauria)'는 '도마뱀'을 뜻하지만, 여기서의 '도마뱀'은 파충류를 의미한다. 왜냐하면, 그리스 어

■ 전남 해남군 우항리에서 발견된 익룡인 해남이크누스 우항리엔시스(*Haenamichnus uhangriensis*)의 발자국 화석.

에는 파충류에 해당하는 말이 없기 때문에 파충류를 표현하기 위해 '도마뱀'을 뜻하는 '사우리아'를 대신 사용했기 때문이다.

익룡은 약 2억 년 전인 트라이아스기 말에 최초로 나타났으며, 약 1억 년 전인 백악기 초까지 번성하다가, 점차 감소하기 시작해 약 6550만 년 전인 백악기 말에 멸종한 육식 동물이다.

익룡은 비둘기만 한 것부터 날개 길이가 11미터에 이르는 것까지 다양하다. 익룡은 4개의 발가락을 지닌 긴 앞발과 5개의 발가락을 지닌 짧은 뒷발을 지녔으며, 앞발의 길게 늘어난 네 번째 발가락과 몸통 그리고 뒷다리를 연결하는 얇은 피부막이 있고, 이것을 이용해 날 수 있었다. 즉 익룡 앞발의 네 번째 발가락은 피부막(날개)을 지지한다.

익룡이 두발로 걸었는지 또는 네발로 걸었는지는 지금도 논란거리이다. 초기에는 익룡 앞발의 1~3번 발가락은 뭔가에 매달릴 때 사용했으며 서거나 움직일 때에는 뒷발만을 이용했다고 생각됐지만, 최근에는 익룡이 네발로 걸었을 것이라고 여기고 있다. 실제로 전라남도 해남군 우항리에서는 익룡의 앞발자국과 뒷발자국이 함께 관찰된다. 익룡은 해안이나 호수 지역에 서식하며 주로 물고기나 곤충을 잡아먹었던 것으로 여겨진다. 최근에 카자흐스탄의 쥐라기 암석에서 발견된 어떤 익룡은 몸이 털로 덮였던 흔적을 보여주며, 이것은 발견된 익룡이 온혈 동물이었음을 알려준다.

파충류들이 하늘을 날고자 하는 시도는 이미 약 2억 8000만 년 전인 페름기 때부터 시도됐다. 페름기에 살았던 작은 도마뱀의 일부는 매우 긴 갈비뼈를 가지고 있었으며, 갈비뼈를 펴서 만든 날개를 이용해 나무와 나무 사이를 활공했다.

익룡은 트라이아스기 말에 최초로 나타났으며, 약 1억 8000만 년 전인 쥐라기에 이르러 실제적으로 하늘을 날기 시작했다. 쥐라기에 살았던 대표적인 익룡은 람포링쿠스*(Rhamphorhynchus)*이다. 람포링쿠스는 날개 길이가 약 80센티미터이며, 길고 뾰족한 이빨 그리고 몸길이의 두 배에 해당하는 긴 꼬리와 그 끝에 배의 방향타와 비슷한 모양의 막이 있었다. 반면, 약 1억 년 전에 살았던 백악기의 프테라노돈*(Pteranodon)*은 가장 진화된 익룡으로서 이빨과 꼬리가 없고 긴 부리와 큰 머리벼슬을 가지고 있으며 날개를 편 길이가 8미터

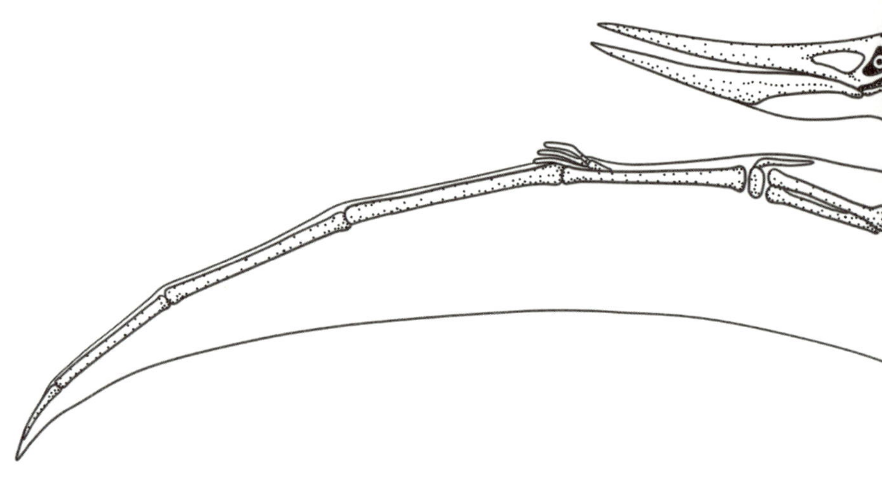

■ 익룡의 뼈와 날개의 구조.

에 이르렀다.

쥐라기와 백악기에 살았던 대표적인 익룡을 비교해 보면, 초기의 익룡은 작은 머리와 긴 꼬리 그리고 이빨을 가지고 있었지만 점차 머리는 커지고, 꼬리와 이빨은 퇴화하는 방향으로 익룡의 진화가 이루어졌음을 알 수 있다. 프테라노돈의 부리는 물고기나 다른 곤충들을 보다 잘 잡기 위해 긴 부리를 갖는 방향으로 신체 구조의 변화가 이루어진 것으로 보이며, 머리벼슬은 머리를 바람이 불어오는 쪽으로 향하게 하는 풍향계의 역할을 했던 것으로 여겨진다.

익룡은 등뼈를 가진 동물 중 최초로 하늘을 날았으며 가장 컸다. 익룡의 골격은 무게를 가볍게 하기 위해 속이 빈 뼈로 이루어졌으며(프테라노돈의 뼈의 두께는 1밀리미터이다.), 지면 위를 상승하는 뜨거운

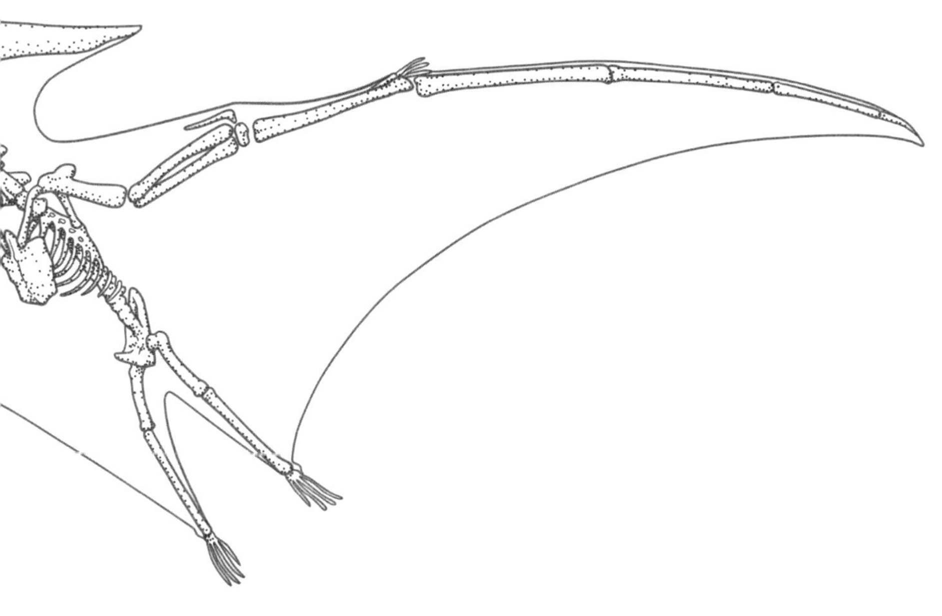

공기나 해수면 위를 부는 바람을 이용해 날아올랐을 것으로 추정된다. 최근 몇몇 과학자들은 익룡이 새처럼 날개를 퍼덕일 수 있었다고 추측하고 있다.

하늘을 날 수 있었다는 것은 무엇을 의미할까? 익룡이 하늘을 날기 전까지는 곤충만이 하늘을 날 수 있었다. 그러나 중생대에 들어와서 익룡이 하늘을 날 수 있게 되면서 그들은 천적이 없는 하늘에서 전 세계를 돌아다니며 먹이를 손쉽게 얻고 자유롭게 진화할 수 있었다. 그 결과 익룡은 약 1억 4000만 년 동안 중생대의 하늘을 지배할 수 있었다. 오늘날 인간은 비행기라는 강철 날개를 이용해 하늘을 자유롭게 날아다닌다. 이러한 능력은 인류의 생존에 얼마나 공헌하고 있을까?

24

시조새는 중생대 쥐라기 말인 약 1억 5000만 년 전에 살았던 최초의 새로 조류의 조상이다. 시조새의 학명 아르카이옵테릭스 (*Archaeopteryx*)는 '고대의 날개'를 의미한다.

일반적으로 시조새는 오늘날의 비둘기나 까마귀 정도의 크기로 몸길이는 30~40센티미터였고, 날개를 펼쳤을 때의 길이는 50센티미터 정도 그리고 몸무게는 300그램 정도로 추정된다. 주로 곤충과 과일을 먹었으며 온혈 동물이었을 것으로 여겨진다. 새는 다리에 비늘을 가지고 있고 알을 낳는다는 사실 때문에 파충류에서 진화했다고 여겨졌다. 이중 시조새는 파충류의 골격을 갖고 있으면서 동시에 조류의 가장 큰 특징인 깃털을 갖기 때문에 파충류에서 조류로 진화하는 과정을 보여 주는 중간 단계의 생물로 여겨지고 있다.

1860년 독일의 조른호펜(Sornhofen) 지역에서 깃털 화석 하나가 발견됐다. 그로부터 1년 뒤, 조른호펜의 한 채석장에서 일하던 석공

■ 시조새의 화석.

이 새의 모습이 고스란히 남아 있는 화석을 발견했다. 이 화석은 몸 길이가 48센티미터 정도이고, 머리와 목 부분은 보존되어 있지 않았지만, 깃털이 달린 긴 꼬리와 날개를 뚜렷이 보여 주고 있었다. 이 화석은 '새의 조상'이라는 뜻으로 '시조새'라는 이름이 붙여졌으며, 아르카이옵테릭스 리토그라피카(*Archaeopteryx lithographica*, 석판에 새겨진 고대의 날개라는 뜻)라는 학명이 붙여졌다. 이 화석은 현재 영국 런던의 대영 박물관에 보관되고 있으므로 '런던 표본'이라고 불린다.

1877년 독일의 아이히슈테트(Eichstätt) 지방에서 두 번째 시조새 화석이 발견됐다. 이 화석은 현재까지 발견된 시조새 화석 중에서 가장 보존 상태가 좋은 것으로, 아르카이오르니스 시멘시(*Archaeornis simensi*)로 이름 붙여졌으며, 베를린에 보관되어 있으므로 '베를린 표본'이라고 부른다.

뒤로 크게 젖힌 머리뼈의 크기는 5.2센티미터 정도로 작으며 위아래 부리에는 각각 10개의 날카로운 원뿔형 이빨을 달려 있다. 눈은 크고 목은 길다. 날개 끝에는 3개의 발가락이 달려 있다. 뒷다리에는 4개의 발가락이 달려 있는데 이중 3개의 발가락은 앞쪽을 향해 있으며 1개는 뒤쪽을 향해 있다. 긴 꼬리뼈를 가지고 있으며, 다리를 제외한 온몸은 깃털로 덮여 있다.

시조새는 조류와 파충류의 특징을 모두 가지고 있다. 시조새가 갖는 파충류의 특징은 전체적인 골격 형태, 특히 긴 꼬리뼈와 긴 종아리뼈를 가진 긴 다리, 부리의 이빨 및 날개 끝에 달린 발톱 등을 들 수 있다. 하지만 깃털로 덮인 몸, 부리, 잘 발달된 날개 그리고 V

자 모양의 차골 등의 존재는 시조새가 갖는 조류의 특징이다. 차골은 시조새를 포함한 조류에서만 나타나는 특징으로 어깨와 가슴을 이어 주는 양쪽 쇄골이 중앙에서 서로 융합되어 V자 모양으로 변한 것이다. 반면, 현생 조류와는 달리 날카로운 이빨이 나 있는 부리, 납작한 가슴뼈, 날개 끝에 발톱이 달린 3개의 발가락, 배 부분의 갈비뼈, 긴 꼬리뼈 등을 가지고 있다.

시조새는 현생 조류와 비슷하게 비대칭적인 깃털 구조를 가지고 있어서 비행이 가능했을 것으로 추정된다. 그러나 비행 방법에 대해서는 의견이 갈리는데, 어떤 과학자들은 시조새가 앞다리의 발톱을 이용해 나무를 기어올랐으며 아마도 나무 위에서 아래로 비행했으리라고 추정한다. 하지만 또 다른 과학자들은 시조새가 포식자로부터 도망치거나 먹이를 잡기 위해 뜀박질을 하는 과정이 축적되면서 몸이 자연스럽게 진화되어 바람 속으로 뛰어들어 이륙할 수 있게 됐다고 생각한다. 새는 점차 진화하면서 속이 빈 뼈를 발달시켜 골격을 가볍게 했고, 잘 날 수 있도록 흉골을 발달시켰으며, 이빨은 부리로 대체됐다.

1995년 중국에서 처음 발견된 공자새(*Confuciusornis*)는 시조새 다음으로 오래된 새로 이빨이 없는 부리를 가진 최초의 새이다. 공자새는 몸 전체에 깃털이 있으며, 비행용으로 보이는 긴 깃털을 가지고 있었다.

1996년부터 중국 동북부의 랴오닝(遼寧) 지방의 1억 2000만 년 된 암석에서는 깃털을 가진 공룡 화석이 잇따라 발견되고 있다. 이

깃털 공룡들은 닭 정도의 크기로 오늘날 병아리의 솜털과 같은 원시 깃털을 갖거나 또는 점점 진화해 오늘날 새에서 볼 수 있는 긴 깃털을 함께 가진 것도 있었다. 최초의 원시 깃털은 외부의 온도 변화로부터 몸을 보호하기 위해 생겨났을 것으로 추정된다. 최근 중국 랴오닝 지방에서 발견되어 마이크로랍토르 구이(*Microraptor gui*)로 명명된 공룡은 4개의 날개를 가지고 있었던 것으로 밝혀졌으며, 날개를 이용해 나무와 나무 사이를 날아다녔을 것으로 추정된다. 깃털 공룡은 점차 하늘을 나는 능력을 발달시켜 마침내는 하늘을 빠르게 날게 됐을 것으로 여겨진다.

시조새와 깃털 공룡은 어떤 관계를 지니고 있을까? 최초의 시조새는 약 1억 5000만 년 전 그리고 깃털 공룡은 1억 2000만 년 전의 암석에서 발견되어 오히려 깃털 공룡이 시조새보다 더 나중에 살았던 것으로 밝혀졌다. 과학자들은 시조새와 깃털 공룡은 공통 조상을 가지고 있었으며 이 공통 조상에서 각각 시조새와 깃털 공룡으로 진화했다고 추측하고 있다.

시조새의 존재는 현대의 조류가 공룡의 후손임을 알려준다. 오늘날 공룡은 멸종한 것이 아니라 새의 형태로 살아 있는 셈이다.

산꼭대기의 조개 화석

오늘날 지구에서 살아가는 대부분의 생물들은 그들만의 뚜렷한 생활 공간을 가지고 있다. 사자와 호랑이는 육상에서 생활하며 고래와 상어는 바다에서 서식한다는 사실은 초등학생도 익히 아는 사실이다. 오늘날의 생물들처럼 옛날에 지구상에 살았던 생물들도 그들의 생활 공간을 지니고 있었을 것이다. 그런데 어떻게 먼 옛날 바다에서 살았던 생물이 오늘날 육지에서 발견되는 것일까?

대륙 이동설은 1912년 베게너가 처음으로 제안했지만 대륙을 이동시키는 힘을 명확히 설명하지 못했기 때문에, 대부분의 과학자들에 의해 부정됐으며 점차적으로 과학자들의 뇌리에서 사라졌다. 그러나 1950년대와 1960년대에 이르러 깊은 바다 속에 대한 해저 탐사가 가능해지면서 해령과 해구 등의 해저 지형과 해양 지각의 물리적 성질이 밝혀지게 됐다. 이 자료들을 바탕으로 1960년대 초반에 로버트 디츠(Robert S. Dietz)와 해리 헤스(Harry H. Hess)는 해저 확장설을 제안했다. 그들은 지구 내부의 열이 고르게 분포되어 있지 않기 때문에 맨틀에서 대류가 일어나고 있으며, 맨틀 대류가 상승하는 곳에서는 뜨거운 현무암질 용암이 흘러나와 새로운 해양 지각을 만들고 맨틀 대류가 하강하는 곳에서는 해양 지각이 소멸한다고 설명했다. 맨틀 대류가 상승하는 곳은 해령이라고 부르며 맨틀 대류가 하강하는 곳은 해구라고 부른다. 해령에서 흘러나온 용암은 점차적으로 해구 쪽으로 이동해 마침내 소멸한다. 해양 지각이 마치 컨베이어벨트처럼 움직인다고 생각한 것이다!

이 같은 생각은 해저 지각의 연령을 측정하고 비교하게 되면서 더욱 굳어졌다. 해저 지각의 연령은 현무암의 절대 연령을 측정하거나, 현무암 위에 쌓인 퇴적물에서 발견되는 화석을 연구함으로써 측정할 수 있다. 1968년부터 심해 탐사선 챌린저호(Glomar Challenger)를 이용해 대서양과 태평양 지역에서 화석을 이용한 연대 측정을 실시했다. 그 결과 해저 지각의 연령은 해령 부근이 가장 젊고 해령에서 멀어질수록 지각의 나이가 증가한다는 사실을 확인할 수 있었다. 이 연구에 따르면 채집된 화석 중 가장 오래된 것은 약 2억 년 전인 쥐라기의 것이었다고 한다.

1968년 대륙 이동설과 해저 확장설을 합해서 판구조론이 제안됐다. 판구조론에 따르면 지구 표면은 여러 개의 판으로 나뉘어 있으며, 이 판들은 1년에 수 센티미터씩 서로 움직이고 있다. 오늘날 지구상에는 유라시아판, 아프리카판, 인도-오스트레일리아판, 태평양판, 북아메리카판, 남아메리카판 그리고 남극판의 7개의 큰 판이 존재하며, 이 판들의 상호 이동 방향에 따라 판의 경계는 발산 경계, 보존 경계 그리고 수렴 경계 세 가지로 구분된다.

발산 경계는 두 판의 이동 방향이 서로 반대인 곳으로 해령을 예로 들 수 있다. 해령에서는 새로운 해양판이 생성되고 있으며, 이곳을 중심으로 해양저가 양쪽으로 확장하고 있다. 보존 경계는 경계를 따라 판들이 서로 반대 방향으로 미끄러지는 곳이다. 수렴 경계는 판의 이동 방향이 서로 마주보는 곳으로 조산 운동이 일어난다.

조산 운동은 대규모의 산맥을 형성하고 변형시키는 과정이다. 조산 운동은 판구조론으로 설명이 가능하다. 즉 판의 수렴 경계를 따라 산맥이 형성된다. 판과 판이 서로 만나는 방식은 크게 세 가지이다. 해양판과 해양판, 대륙판과 대륙판 그리고 해양판과 대륙판이 만나는 경우를 생각할 수 있다. 이 모든 경우에 하나의 판은 다른 하나의 판 밑으로 섭입(攝入)한다.

해양판과 해양판이 만나는 경우, 판의 섭입은 각 해양판의 이동 속도에 좌우된다. 예를 들어, 태평양판과 필리핀판이 만나는 경우, 빠르게 움직이는 태평양판이 상대적으로 느리게 움직이는 필리핀판 밑으로 섭입해 마리아나 해구를 형성한다. 태평양판이 유라시아판 밑으로 침강해 쿠릴-캄차카-알류산 호상 열도를 형성한 것은 또 다른 예이다.

대륙판과 대륙판이 만나는 경우는 히말라야 산맥의 형성 과정을 살펴보면 잘 알 수 있다. 약 2억 2500만 년 전 인도는 오스트레일리아 옆에 위치해 곤드와나 대륙의 일부를 형성하고 있었으며, 유라시아는 북반구에 위치하고 있었다. 인도와 유라시아 사이에는 테티스 해가 있었다. 약 2억 년 전 초대륙 판게아가 분열하면서 인도는 곤드와나 대륙으로부터 분리되어 북으로 이동하기 시작했다. 이것은 인도와 유라시아 사이에 존재하는 해양 지각인 테티스 해가 유라시아판 밑으로 침강하기 시작했다는 것을 의미한다. 약 8000만 년 전에 인도는 유라시아에서 6400킬로미터 떨어진 남쪽에 위치해 있었다. 이때 인도는 100년에 9미터의 이동 속도로 움직이고 있었다. 약 4500만 년 전, 마침내 인도는 유라시아판과 충돌했다. 대륙 지각과 대륙 지각이 충돌한 것이다! 해양 지각은 대륙 지각 아래로 침강하지만, 대륙 지각과 대륙 지각이 만나는 경우 대륙 지각은 부력이 너무 높아 침강하지 못하고 충돌하게 된다. 이 충돌로 인해 히말라야 산맥과 티베트 고원이 형성됐다. 오늘날 히말라야 산맥은 인도와 티베트 사이에 2900킬로미터에 걸쳐 뻗어 있으며, 산맥의 중턱에서는 암모나이트 화석이 발견되고 있다. 암모나이트는 중생대 바다에 살았던 생물이다.

인도와 유라시아가 부딪쳐 히말라야 산맥을 형성하는 과정을 살펴보면 다음과 같다. 처음에 인도가 유라시아에 접근하면서, 점차적으로 테티스 해는 유라시아판 밑으로 침강하게 된다. 이때 테티스 해를 구성하는 모든 해양 지각이 유라시아판 밑으로 침강하지는 못하며, 해양 지각의 상부 일부는 침강하지 못하고 대륙 지각에 첨가되게 된다. 이렇게 대륙 지각에 첨가된 해양 지각이 대륙 지각인 인도 대륙과 충돌하면서 위로 들어올려져 히말라야 산맥을 형성했다. 히말라야 산맥 중턱에서 먼 옛날 바다에서 살던 생물이 발

■ 백악기 바다에서 번성한 암모나이트의 화석.

견되는 이유는 이것 때문이다.

해양판과 대륙판이 충돌하는 경우 해양판이 대륙판 아래로 침강하며, 높은 산맥과 깊은 해구가 형성된다. 나즈카판과 남아메리카판이 충돌해 페루-칠레 해구와 안데스 산맥을 형성한 것은 좋은 예이다. 만일, 이 경우에도 침강하는 해양판에 대륙이 존재하는 경우, 시간이 흐르면 인도와 유라시아가 충돌해 히말라야 산맥을 형성한 것처럼 대륙 지각과 대륙 지각의 충돌을 가져올 것이다.

아마 앞으로도 대륙과 해양은 끊임없이 움직여 자신들의 모습을 변화시킬 것이다. 이러한 판의 움직임에 의해 약 2000만 년 후에는 아프리카로부터 동부 아프리카와 마다가스카르가 분리되어 새로운 대양을 형성하며, 약 5000만 년 후에는 미국 본토로부터 캘리포니아 주가 분리되고, 약 9000만 년 후에는 북아메리카와 남아메리카가 분리되며 북아메리카 대륙은 남쪽으로 이동해 남아메리카 대륙과 나란히 놓일 것으로 추정된다. 약 46억 년 전 원시 지구가 탄생한 이후부터 지구는 서서히 식고 있기 때문에, 지각의 두께는 점차 두꺼워지고 있고 이로 인해 판의 움직임은 점차 느려지고 있다. 앞으로 수십억 년 후에는 판의 움직임이 멈출 것으로 여겨지며, 지구는 금성이나 화성과 같은 황무지로 변할 것이다.

오늘날 판은 끊임없이 움직이고 있으며, 이러한 움직임에 의해 산맥이 형성됐다. 조산 운동은 지구가 살아 움직이는 행성임을 알려주는 증거이다. 살아 있는 지구! 그 숨결을 느껴 보자.

공룡 멸망의 비밀

26

지금으로부터 2억 2500만 년 전에 최초의 공룡이 출현한 이후 약 1억 6000만 년 동안 공룡은 지구의 다양한 환경에 잘 적응해 성공적으로 생존했다. 그런데 6550만 년 전, 공룡을 포함해서 몸무게가 50킬로그램이 넘는 동물들은 지구에서 갑작스럽게 사라졌다. 대체 어떤 일이 일어난 것일까?

가장 강력한 멸종의 원인은 1980년대에 제안된 운석 충돌설이다. 운석 충돌설은 K-T 경계(중생대와 신생대의 경계)의 퇴적물에서 이리듐(iridium)이란 원소가 풍부히 산출되는 것을 근거로 제안됐다. 이리듐은 지구의 지표에서는 매우 보기 힘든 원소로 운석이나 지구 내부 물질에 많이 포함되어 있다.

뉴질랜드, 이탈리아, 덴마크에 분포하는 백악기 말에 퇴적된 퇴적물을 조사한 결과 평균보다 각각 20, 30, 160배나 많은 이리듐 원소가 함유됐음이 밝혀졌다. K-T 경계에 포함된 이리듐 양과 일반적으로 운석에 포함되어 있는 이리듐 양을 비교·계산한 바에 따르면, 지름 10킬로미터, 무게 400만 톤의 소행성이 지구와 충돌했으며, 이로 인해 지름 180킬로미터의 크레이터가 형성됐을 것으로 추정됐다.

운석이 지구와 충돌했을 경우를 생각해 보자. 충돌 당시 운석의 운동 에너지는 열에너지로 바뀌면서 TNT 10^{14}톤에 해당하는 막대한 에너지를 방출했고, 이로 인해 충돌 지점에서 반지름 400~500킬로미터 안에 있는 모든 것이 파괴됐을 것이다. 또한 운석이 지구와 충돌·폭발하면서 발생한 먼지·가스는 대기 중으로 올라가, 점차 지구 전체를 뒤덮었다. 이로 인해 태양 광선이 차단됐으며, 지구의 기온은 내려갔고, 어둡고 긴 겨울이 시작됐다. 먼지 구름 내의 수증기와 대기 중의 질소가 결합해 질산이 만들어졌고 강한 산성비가 되어 지표면을 적셨다. 3개월 이상 지속된 핵겨울로 인해 지구의 생태계는 완전히 파괴됐고 공룡도 멸종했을 것으로 여겨진다. 1990년 맥라렌과 굿펠로는 지구와 운석의 충돌을 컴퓨터 시뮬레이션을 통해 재현했으며, 이 결과 위와 같은 기후 변화 및 충돌 현상이 발생함을 보여 주었다.

1991년 멕시코의 유카탄 반도 앞 바다에서 6500만 년 전에 형성된 지름 수백 킬로미터의 거대한 운석 구덩이가 발견됐으며 운석 충돌을 지지하는 강력한 증거로 여겨지고 있다. 또한 K-T 경계의 퇴적물에서 발견되는 '충격 받은 석영(shocked quartz)'이나 마이크로텍타이트(microtektite)는 매우 높은 온도와 압력에서 형성되기 때문에 실제로 당시에 엄청난 폭발과 충격이 있었음을 알려주는 증거

■ 운석 충돌로 생긴 크레이터. 캐나다 퀘벡에 있는 마니코간(Manicougan) 크레이터로 지름이 10여 킬로미터이다.

이다.

공룡이 멸종한 것은 지금까지 알려진 것처럼 거대한 운석이 지구를 덮쳤기 때문이 아니라 6600만 년 전에 인도 데칸 지역에서 발생한 화산 분출 때문이라는 주장도 있다. 화산 분출은 수백만 년 동안 간헐적으로 계속됐으며, 이로 인해 수십억 톤의 화산재와 용암이 분출됐고, 지구 내부의 이리듐이 지표면으로 분출될 수 있었다. 이처럼 오랜 기간 동안 지속된 화산 분출로 인해 운석이 지구와 충돌한 것과 비슷한 기후 변화가 일어난 것으로 여겨진다. 또한 분출된 화산으로 인해 대기 중으로 공급된 이산화탄소는 궁극적으로 해양을 산성화시켰고 이로 인해 바다 생물이 멸종됐을 것이다.

최근, 지구상에서 공룡이 사라진 것은 운석이 충돌하기 오래전부터 시작된 기후의 한랭화 때문이라는 주장이 제안됐다. 당시에 살았던 생물의 화석을 가지고 산소 동위 원소 측정법을 이용해 백악기 후기의 기온 변화를 측정한 결과, 평균 기온이 10도나 급감했으며 강우량도 매년 줄어든 것으로 나타났다. 운석 충돌이 있기 전에 이미 이 같은 지구의 한랭화로 인해 많은 파충류와 대형 초식 공룡들이 지구상에서 사라졌다. "운석 충돌은 이미 사라져 가는 공룡들에 대한 '최후의 일격'이었을 뿐"이라고 말하는 과학자도 있을 정도다. 기후의 한랭화는 왜 일어났을까? 아마도 화산 활동에서 분출된 황산 먼지가 냉각 효과를 일으킨 것으로 추정된다.

그런데 만약 공룡이 운석 충돌 같은 우연한 사건 때문에 멸종된 것이라면, '생물은 새로운 환경에 적응하지 못했기 때문에 멸종한다.'는 생물 진화의 개념은 틀린 것일까? 공룡이 변화하는 지구 환경에 훌륭히 잘 적응해 1억 6000만 년을 지내 올 수 있었어도 한순간의 불운에 의해 멸종해 버렸다면 정말 난감한 일이 아닐 수 없다.

1991년 시카고 대학교의 고생물학자 데이비드 라프(David M. Raup)는 『멸종(Extinction)』이라는 저서를 발표하면서 그 부제로 "멸종은 나쁜 유전자 때문인가 불운 때문인가?"라고 달았다. 만일 공룡의 멸망이 오로지 운석 충돌 때문이라면, 생물의 생존과 멸종에는 우연이라는 개념이 고려되어야 할지도 모른다. 이 경우 포유류는 공룡과 비교할 때 상대적으로 개체수와 분포 면적이 컸기 때문에 살아남을 수 있었다.

백악기 후기에 일어난 생물들의 쇠퇴를 자세히 관찰해 보면, 생물들은 백악기 말에 일시에 멸종된 것이 아니라, 그 전부터 단계적으로 쇠퇴하고 있었음을 관찰할 수 있다. 백악기 말에 이르기 전에 먼저 해양 파충류가 사라졌으며 공룡의 종류와 숫자도 점차 감소하고 있었다. 이것은 백악기 말에 일어난 대량 멸종이 어느 한 사건으로 인한 것이 아니며, 여러 사건들이 복합적으로 작용해 주요 생물들의 멸종을 이끌다가 마침내 대량 멸종을 일으킨 것으로 여겨진다.

백악기 말에 일어난 대량 멸종은 당시 생물 중 속 수준에서 47퍼센트 그리고 과 수준에서 16퍼센트의 생물을 멸종시켰다. 대표적인 멸종 생물로는 공룡과 암모나이트가 있으며, 이 외에도 바다거북을 제외한 모든 해양 파충류가 사라졌다. 반면에 포유류와 일부 육상 파충류들은 상대적으로 피해를 덜 입었으며 대량 멸종을 이겨내고 신생대에 번성할 수 있었다.

공룡 왕국 한반도

우리나라에서 발견된 최초의 공룡 화석은 1972년 경북대학교 양승영 교수가 경상남도 하동군 금남면 수문동에서 발견한 공룡 알 파편이다. 다음해인 1973년, 당시 서울 대학교 대학원생이었던 김항묵 교수가 경상북도 의성군 금성면 탑리에서 공룡의 골격 일부를 발견했다. 그러나 골격에 대한 자세한 연구를 수행하지는 못했다. 한반도에도 공룡이 살았다는 사실이 분명하게 확인되고 널리 알려진 것은 1977년 경북 대학교 장기홍 교수가 의성군 탑리의 공룡 골격을 재발견하고 이에 대한 본격적인 연구를 수행하면서부터이다. 이로써 한반도에 살았던 공룡 화석에 대한 본격적인 연구가 이루어질 수 있게 됐다.

1982년 장기홍 교수는 의성군 탑리에서 발견된 공룡 골격이 용각류의 팔 또는 다리 골격의 일부라고 추측했지만 보다 자세한 연구는 수행하지 않았다. 1983년 김항묵 교수는 이 골격을 용각류의 오른쪽 척골(아래팔뼈)로 판단했으며, 이 골격의 주인은 기존에 보고

된 슈퍼사우루스보다 더 거대한 종류로, 새로운 속 이름을 사용해 울트라사우루스 탑리엔시스(*Ultrasaurus tabriensis*)라는 이름을 붙였다. 그러나 1997년 한국지질자원연구원의 이융남 박사는 이 골격을 왼쪽 상완골(위팔뼈)의 윗부분으로 동정했으며, 뼈가 불완전하기 때문에 정확히 어느 종류의 뼈인지는 알 수 없음을 밝혀냈다.

의성군 탑리에서 공룡 골격이 재발견되고 공룡에 대한 관심이 높아지면서, 또 다른 공룡 화석을 찾기 위한 노력이 부단히 이어졌고, 그 결과 몇몇 단편적인 뼈들이 발견됐다. 또한 1982년에 이르러 경상남도 고성군 하이면 덕명리 해안 일대에서 공룡 발자국 화석을 최초로 발견할 수 있었다. 최근 연구 결과에 따르면 이곳에서 발견된 것은 네발로 걷는 초식 공룡인 용각류, 두 발로 걷는 초식 공룡인 조각류 그리고 육식 공룡인 수각류의 발자국이다.

고성군에서 발견된 공룡 발자국 화석에 대한 그동안의 연구에 따르면, 총 48군데의 산지에서 5000개가 넘는 공룡 발자국이 확인됐다. 이 수는 실로 엄청난 것이어서 이제 고성군 덕명리 해안 일대는 세계적으로도 3대 발자국 산지 중의 한 곳으로 꼽히고 있다. 이곳에서는 뒷발의 크기가 115센티미터로 우리나라에서 가장 큰 용각류 발자국, 뒷발의 크기가 9센티미터로 세계에서 가장 작은 용각류 발자국, 20미터에 이르는 긴 용각류 보행열, 발가락 자국뿐 아니라 발바닥 자국이 함께 찍힌 수각류 발자국, 22미터에 이르는 긴 조각류 보행열 등이 관찰된다.

현재 공룡 발자국은 고성군 덕명리 해안 일대 이외에도 중생대 지층이 퇴적된 경상남북도와 전라남도의 여러 지역에서 발견되고 있다. 이중 1990년대 중반에 전라남도 해남군 우항리에서 발견된 공룡 발자국은 몸집이 거대한 용각류 공룡이 물 속에서 앞발만을 이용해 걸어가면서 남긴 매우 독특한 것이다.

또한 이곳에서는 아시아에서는 처음으로 익룡 발자국 화석이 발견됐다. 익룡 발자국은 3개의 발가락을 지닌 앞발과 다섯 번째 발가락 자국이 찍힌 뒷발로, 익룡이 네발로 걸었음을 보여 준다. 발자국의 크기는 앞발, 뒷발 모두 약 20~35센티미터의 길이로, 뒷발의 최대 길이 35센티미터는 세계에서 가장 큰 것이다. 이곳에서는 공룡과 익룡 발자국뿐만 아니라 세계에서 가장 오래된 물갈퀴를 가진 새 발자국 화석도 발견되고 있다.

1990년대 후반에 들어서면서 다수의 공룡 알 및 둥지가 전라남도 보성, 경기도 시화호 그리고 경상남도 고성 지방에서 발견됐다. 1996년 최초의 알 화석이 발견된 지역에서 6개의 공룡 알이 발견됐다. 알은 파편으로 산출되는데, 크기는 7~8센티미터이고, 알껍데기의 두께는 1.2밀리미터이며, 조반류 공룡의 알로 추정된다. 1999년 전라남도 보성군 득량면 해안에서 발견된 것은 두 종류의 공룡 알과 둥지로, 알의 개수는 100여 개이며, 대부분 구형이고, 크기는 9~16센티미터로 다양하다. 1999년 시화호에서 발견된 공룡 알은 세 종류, 총 150개로, 알이 3~12개씩 모여 둥지를 이루고 있다. 2000년 경상남도 고성군 고성읍과 삼산면 해안에서도 최소한 3종류에 속하는 공룡 알 19개가 발견됐다. 이 지역들은 아마도 공룡의 산란 장소였음이 분명하다. 발견된 알과 둥지 등의 자료들은 공룡의 생태를 알려주는 매우 귀중한 자료임이 틀림없다.

1972년 우리나라에서 공룡 화석이 존재한다는 사실이 최초로 밝혀진 이래, 지난 40년간 우리나라에서의 공룡 연구는 비약적으로 발전해 왔다. 이제 우리나라는 세계 최대의 공룡 발자국 산지이며, 공룡 알과 둥지 화석 등 귀중한 자료들이 발견됐다. 또한 이외에도 몇 개의 단편적인 뼈 조각과 이빨 등이 발견됐다. 이 모든 자료들을 근거로 코리아노사우루스 보성엔세스(*Koreanosaurus boseongensis*), 부경고사우루스 밀레니우미(*Pukyongosaurus millenniumi*), 코리아케라톱스 화성엔시스(*Koreaceratops hwaseongensis*) 등의 공룡 이름이 공식적으로 제안되기도 했다. 중생대 한반도는 공룡의 천국이었음이 틀림없다.

■ 우리나라에서 발견된 조각류(위)와 용반류(아래) 공룡의 발자국 화석.

살아 있는 화석

　먼 옛날에 지구상에 나타난 생물들은 오랜 시간이 흐르면서 대부분 사라져 버렸지만, 오늘날까지도 옛날과 같은 원시적인 모습으로 살아가는 생물들이 있다. 실러캔스, 투구게, 폐어, 앵무조개, 철갑상어, 스트로마톨라이트, 은행나무, 메타세콰이어 등이 바로 그 주인공들이며, 이들은 '살아 있는 화석(living fossil)'으로 불린다.

　아마도 가장 유명한 살아 있는 화석은 실러캔스(*Coelacanth*)일 것이다. 실러캔스는 지금으로부터 약 3억 6000만 년 전인 고생대 데본기에 나타나 오랫동안 번성하다가, 약 7000만 년 전과 6550만 년 전 사이에 돌연 자취를 감추었다. 그러나 이미 지구상에서 사라졌다고 생각됐던 실러캔스는 아주 우연한 기회에 세상에 모습을 드러냈다. 먼 옛날 지구상에서 살았던 그 모습 그대로 말이다!

　1938년 12월 22일, 남아프리카공화국 이스트런던 박물관의 큐레이터였던 마저리 커트니래티머(Marjorie Courtenay-Latimer)는 아주 이상한 물고기가 잡혔다는 연락을 받았다. 이 물고기는 저인망 어선이 수심 70미터인 찰룸나(Chalumna) 강의 바닥을 그물로 끌 때 잡힌 것이었다. 물고기의 몸길이는 1.5미터로 매우 컸으며 몸무게는 57.5킬로그램에 이르렀다.

맨 처음 커트니래티머의 눈길을 끈 것은 물고기의 색깔이었다. 물고기는 연한 자줏빛이 도는 파란색을 띠었으며 온몸에 은백색의 반점을 가지고 있었다. 도무지 어떤 종류의 물고기인지 알 수 없었던 커트니래티머는 물고기를 스케치한 그림과 자신의 견해를 그레엄스타운 대학교의 어류학자인 제임스 스미스(James L. B. Smith) 교수에게 보냈다.

스미스는 이 물고기가 이미 7000만 년 전에 지구상에서 사라진 것으로 알려진 실러캔스였음을 확인했다. 실러캔스는 지구상에서 완전히 사라지지 않고 살아 있었던 것이다! 스미스는 실러캔스에 대한 자세한 연구를 수행한 뒤, 실러캔스의 학명을 라티메리아 카룸나에(*Latimeria chalumnae*)로 붙였는데, 이것은 실러캔스를 최초로 발견한 커트니래티머 여사에게 경의를 표하기 위해서였다.

실러캔스에 대한 보다 자세한 연구를 위해 더 많은 표본이 필요했던 스미스 교수는 현상금까지 내걸며 실러캔스를 구하기 위해 노력했다. 첫 번째 실러캔스가 모습을 드러낸 지 14년이 지난 1952년 모잠비크 난바다에 있는 코모로 제도 부근 해역에서 두 번째 실러캔스가 잡혔으며, 그 후에는 매년 4~5마리의 비율로 잡히고 있다.

실러캔스는 모두 8개의 지느러미, 즉 2개의 등지느러미, 한 쌍의 가슴지느러미, 한 쌍의 배지느러미, 뒷지느러미 그리고 꼬리지느러미를 가지고 있다. 머리 쪽의 제1등지느러미는 부채모양이며 길쭉한 가시들이 지느러미 안에 발달해 있다. 꼬리 쪽의 제2등지느러미는 잎 모양이며, 지느러미의 아래쪽은 비늘로 덮여 있다. 또한, 다리 모양의 가슴지느러미와 배지느러미도 몸과 연결되는 부분은 비늘로 덮여 있다. 뒷지느러미는 제2등지느러미와 형태가 같다. 꼬리지느러미는 다른 물고기와는 다르게 뒤쪽 가운데 부분에 별도의 지느러미를 가지고 있다.

실러캔스는 이빨을 가지고 있으며, 머리는 아주 단단하다. 주둥이 부근에는 전기 신호를 감지하는 기관을 가지고 있으며, 머리와 몸을 연결하는 관절이 있어 먹이를 먹을 때 입을 넓게 벌릴 수 있다. 실러캔스의 몸은 작은 가시 같은 돌기가 돋아난 단단한 비늘로 덮여 있다.

실러캔스의 부레는 기름으로 가득 차 있어서 몸을 뜨게 하며, 척추는 등뼈 대신 마디가 없는 관 모양의 척색으로 되어 있다. 실러캔스의 새끼들은 난태생이다. 즉 난생이 보통의 물고기들처럼 알을 모체 밖으로 배출하지 않고, 실러캔스는 암컷이 알을 몸 안에서 수정한 뒤, 모체의 태내에서 키운 다음에 밖으로 내보내는 것이다. 다 자란 새끼들의 크기는 36~43센티미터 정도며, 모체 안에서 머무르는 시간은 약 12개월 정도로 알려져 있다. 과학자들은 실러캔스의 수명을 60년 정도로 생각하고 있다.

그동안 실러캔스는 인도양 서쪽의 해수나 기수(해수와 담수가 혼합되는 곳으로, 강이 바다를 만나는 곳)에서 발견되어 왔다. 서식 해역은 남아프

리카 코모로 군도 근처로 최근의 화산 활동으로 인해 형성된 동굴
에서 서식하는 것으로 알려져 왔다. 보통 한 동굴에 3~4마리가 서
식한다. 깊이는 대략 180미터, 수온은 18도 이하인 수역에서 서식
한다. 밤이 되면 먹이를 잡기 위해 수심 700미터로 이동하며 새벽
에는 다시 180미터 깊이의 동굴로 되돌아온다.

　실러캔스는 머리 앞 부분에 다른 물고기가 움직이면서 만드는
전기장을 감지해 그 위치를 측정할 수 있는 감각기를 지니고 있어
서 심해에서도 먹이를 찾을 수 있다. 평상시 실러캔스가 움직일 때

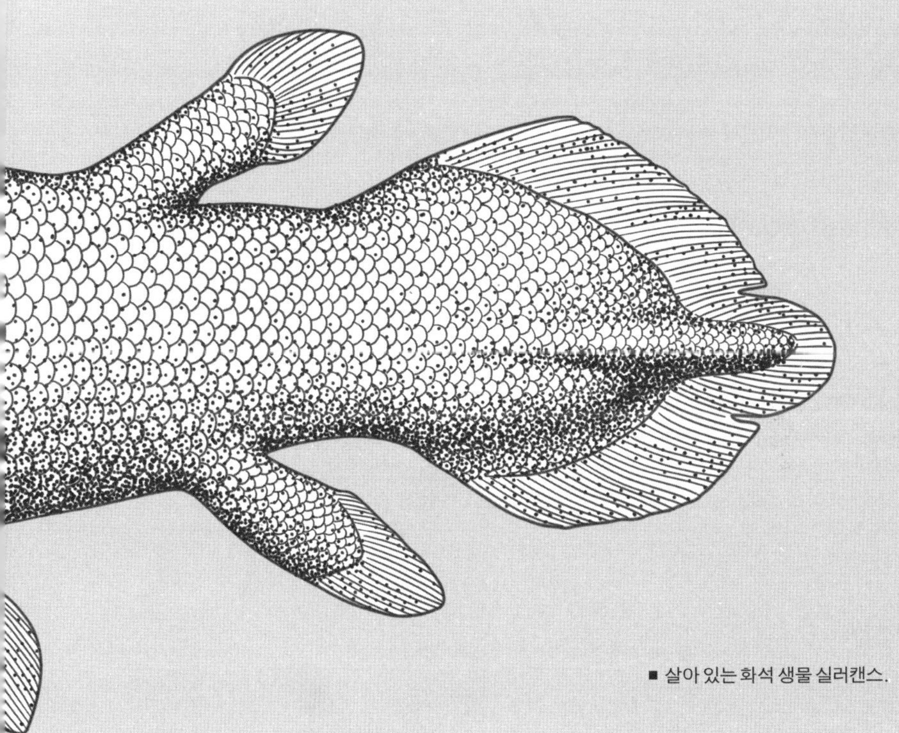

에는 매우 느리지만 먹이를 잡을 때는 1초당 초속 21~26미터의 가속도로 빠르게 움직이다. 이것은 실러캔스의 특별한 체형 때문에 움직일 때 몸 주변에 소용돌이가 생기지 않아 저항을 덜 받기 때문이다.

최근에 코모로 군도에서 동쪽으로 1만 킬로미터 떨어진 인도네시아 술라웨시(Sulawesi) 해변에서 실러캔스가 발견됐다. 발견된 실러캔스는 길이가 124센티미터고 무게는 29.2킬로그램이었다. 특이한 점은 인도네시아에서 발견된 실러캔스의 색깔이었다. 인도양에

서식하는 실러캔스의 색깔은 보통 푸른색이고 죽은 경우에는 갈색으로 변하지만, 인도네시아 해안에서 발견된 살아 있는 실러캔스의 색깔은 갈색이었다. 이들은 수심 155미터, 수온 섭씨 17.8~20.1도에서 서식하는 것으로 추정되고 있다.

실러캔스는 발견 초기에는 가슴지느러미와 배지느러미로 해저를 보행하는 것으로 해석되기도 했지만 후에 이것은 잘못된 해석으로 드러났다. 실러캔스는 헤엄칠 때 오른쪽 가슴지느러미와 왼쪽 배지느러미를 함께 움직이며, 그다음에는 왼쪽 가슴지느러미와 오른쪽 배지느러미를 함께 움직인다. 이 같은 실러캔스의 움직임은 오늘날 인간을 포함해 네발 달린 척추동물들이 걸을 때의 움직임과 동일하다. 네발 달린 동물들은 걸을 때 오른쪽 앞발과 왼쪽 뒷발을 함께 앞으로 내딛고, 그다음 왼쪽 앞발과 오른쪽 뒷발을 앞으로 내딛는다. 이 같은 기능상의 유사성을 근거로 과학자들은 실러캔스가 약 3억 6000만 년 전인 고생대 데본기에 최초로 나타난 네발 보행 육상 동물의 진화와 관련을 가지고 있다고 생각하고 있다. 그러나 최근의 연구에 따르면, 네발 보행 육상 동물의 직접적인 조상은 폐어이며 실러캔스는 그들의 사촌쯤 된다고 한다.

우리 주변에서도 살아 있는 화석을 쉽게 찾아볼 수 있다. 바로, 은행나무이다. 은행나무는 약 2억 7000만 년 전인 고생대 페름기에 지구상에 최초로 나타났으며 약 1억 4400만 년 전인 중생대 백악기에는 최대 11종이 아시아, 유럽 그리고 북아메리카에서 번성했다. 그러나 은행나무는 점차 소멸되기 시작했으며, 화석 기록으로 보면 북아메리카에서는 약 700만 년 전에 그리고 유럽에서는 약 250만 년 전에 완전히 사라졌다. 그러나 한국, 중국 그리고 일본을 포함하는 아시아 지역에서는 1종이 살아남아 있었다. 이 종류는 잎이 부채꼴이며 가운데 부분이 약간 갈라진 모습이다.

살아 있는 화석의 존재는 우리에게 많은 궁금증을 불러일으킨다. 긴 지구의 역사를 거쳐 오는 동안, 은행나무를 비롯한 살아 있는 화석이 다른 대부분의 생물들처럼 사라지지 않은 이유는 무엇일까? 또 가장 새로운 실러캔스 화석은 약 7000만 년 전의 암석에서 발견되는데, 7000만 년 전부터 지금까지의 기간 동안에 실러캔스가 화석으로 발견되지 않는 이유는 무엇일까?

아직 이 문제들은 명확하게 해결되지 않고 있다. 그러나 우리는 긴 시간 동안 형태가 거의 변하지 않은 살아 있는 화석을 통해, 먼 옛날에 지구상에서 살았던 생물들의 모습을 조금이나마 엿볼 수 있다. 살아 있는 화석은 현재의 지구와 과거의 지구를 이어 주는 연결 고리이다.

4 부
포유류의 시대

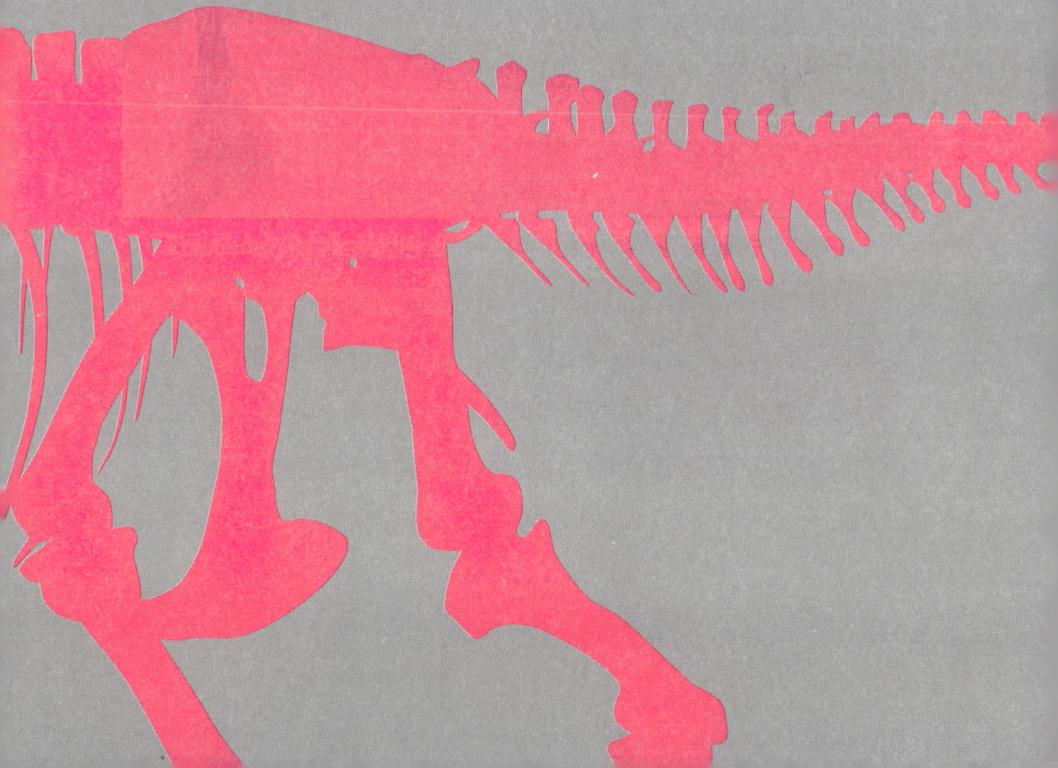

최초의 포유류

28

중생대는 공룡을 비롯한 다양한 종류의 파충류들이 지구를 지배하던 시기로, 당시 포유류의 존재는 미미했다. 그러나 백악기 말에 유카탄 반도 근처에 떨어진 지름 10킬로미터의 운석은 당시 지구를 지배하던 거대한 육상 파충류들을 모두 멸종시켰으며, 상대적으로 체구가 작은 포유류들은 살아남아 번성할 수 있었다.

모든 포유류는 단궁류에서 진화해 나왔다. 단궁류는 머리뼈의 눈구멍 뒤에 하나의 둥그런 구멍을 갖는 종류로 석탄기에 처음 등장했다. 페름기에 출현한 육식형 단궁류의 하나인 키노돈트(cynodont)는 나중에 진짜 포유류로 진화했다. 키노돈트는 앞니, 송곳니, 복잡한 어금니 등으로 분화된 이빨과, 먹이를 먹는 동안에도 숨을 쉴 수 있도록 콧구멍과 입을 분리시켜 주는 뼈로 된 입천장을 갖고 있었다. 포유류는 냉혈 동물인 파충류와는 달리, 내부의 체온을 일정하게 조절할 수 있어서 갑작스러운 온도 변화에도 적응할 수 있었다.

　최초의 육상 포유류는 약 2억 1000만 년 전인 트라이아스기 말에 출현한 모르가누코돈(*Morganucodon*)이다. 모르가누코돈은 몸길이가 약 10센티미터이고, 형태는 오늘날의 뾰족뒤쥐와 비슷했으며 이빨에 3개의 뾰족한 점을 가지고 있었다. 이들은 삼림 지대에 서식하며 곤충 같은 작은 동물들을 먹이로 삼았던 겁 많은 작은 동물로, 주로 밤에 활동했다.

　파충류의 턱이 여러 개의 뼈로 이루어진 것과는 달리 모르가누코돈의 턱뼈는 하나로 합쳐지기 시작하고 있었다. 아래턱과 머리뼈 뒷부분이 진화해 가운데귀뼈가 3개로 발달됐으며, 이로 인해 파충류보다 더 잘 들을 수 있게 됐다. 가운데귀뼈가 3개인 것은 모든 포유류가 지닌 특징 중의 하나이다. 턱뼈와 귀뼈가 분리되면서 두개골이 더 넓어지게 됐고 자연스럽게 더 큰 뇌를 발달시킬 수 있었다.

　모르가누코돈의 이빨은 윗니와 아랫니가 서로 잘 맞물릴 수 있도록 발달했는데 이것은 먹이를 통째로 삼키는 파충류와는 달리 먹이를 잘게 씹어서 에너지를 섭취했다는 것을 의미한다. 이로써 모르가누코돈은 소화와 에너지 흡수 능력을 향상시킬 수 있었다. 또한 모르가누코돈의 턱뼈를 조사한 결과 그들은 영구치가 하나씩밖에 안 났다는 것을 알 수 있었는데 이것은 그들의 새끼가 젖을 먹고 자랐다는 것을 의미한다.

　약 1억 2500만 년 전인 백악기 초에 이르러 움직일 수 있는 쇄골을 지닌 예홀로덴스(*Jebolodens*)가 나타났다. 이 쇄골 덕분에 포유류는 이제 동작의 범위를 넓히고 한층 더 바로설 수 있었다.

백악기에 이르자 초기의 원시 포유류들이 진화해 단공류(單孔類, Monotremata), 유대류(有袋類, Marsupialia), 유태반류(有胎盤類, Placetalia)가 출현했다. 단공류는 알을 낳는 포유류이다. 현존하는 대표적인 동물로 오리너구리와 바늘두더지가 있다. 오리너구리는 오리 같은 주둥이를 가졌다고 해 붙은 이름으로, 꼬리를 포함한 몸길이가 약 50센티미터이다. 각각의 다리는 5개의 발가락을 갖으며, 발가락 사이에는 물갈퀴가 발달해 있어 헤엄을 잘 친다. 산란은 1년에 한 번 하며 보통 2개의 알을 낳는다. 오리너구리는 섖쪽시를 가지고 있지 않는데, 알에서 깨어난 새끼는 어미 가슴으로 기어 올라가 젖을 분비하는 부위에서 흘러나오는 젖을 빨아먹는다. 주로 오스트레일리아에 분포한다.

유대류는 피부로 이루어진 새끼주머니를 갖는 포유류이다. 현존하는 가장 유명한 유대류에는 캥거루와 코알라가 있으며 주로 오스트레일리아에 분포한다. 유대류의 새끼는 눈이나 귀가 완성되지 않은 상태로 태어나며, 앞발을 사용해 혼자 힘으로 어미의 하복부에 있는 새끼주머니로 기어 들어간다. 유대류 새끼는 주머니 안에서 어미의 젖꼭지에 달라붙어 젖을 빨아먹으면서 계속 자란다.

현존하는 가장 원시적인 유대류의 하나는 주머니쥐로 미국과 남아메리카 북부 지역에 분포한다. 주머니쥐는 몸길이가 약 30~50센티미터고, 꼬리 길이는 40센티미터로 꼬리가 길다. 삼림에 서식하며 나무를 잘 타는데, 먹이는 주로 곤충을 잡아먹거나 잡식을 한다. 주로 밤에 활동한다. 1년에 1~3회 번식하는데, 갓 태어난 새끼

■ 에오마이아의 복원 상상도.

는 새끼주머니에 들어가서 10주 정도 젖을 먹으며 자란다.

유태반류는 태반을 갖는 포유동물이다. 약 1억 2500만 년 전에 아시아에서 출현한 에오마이아(*Eomaia*)는 지금까지 알려진 최초의 유태반류로, 유대류에서 분화한 것으로 추정된다. 에오마이아는 그리스 어로 '최초의 어머니'라는 뜻이다. 유태반류는 어미의 태반에서 태아를 성숙하게 키운 뒤 바깥 세상에 내보냈다. 태어난 새끼는 충분히 성장한 상태로 나오기 때문에 바깥 세상에 바로 적응해 살아갈 수 있었고, 따라서 생존 확률이 다른 포유동물에 비해 높았다.

백악기 말에 지구를 지배하던 공룡 등의 거대 파충류들이 사라지자 이 포유류들은 공룡이 떠난 빈 자리를 넘겨받아 폭발적으로 진화해 포유류의 시대를 열었다. 제일 먼저 단공류가 출현했으며 그 뒤를 이어 유대류와 유태반류가 출현했고, 전 세계적으로 번성했다. 오늘날 북반구에서는 유태반류가 번성하고 있으며, 단공류와 유대류는 주로 오스트레일리아에서 지배적이다.

에쿠스는 승용차 이름이 아니라고요?

29

약 35억 년 전에 원시 지구에 최초의 생명체가 탄생한 이후, 지구 상의 생물들은 진화를 거듭해 현재의 생태계를 이루었다. 현재 지구상에 살고 있는 생물들 중 생명의 진화 과정을 잘 보여 주는 한 예는 말이다.

가장 오랜 말은 히라코테리움(*Hyrocotherium*, 에오히푸스(*Eohippus*))으로 1841년 영국에서 최초로 발견됐으며, 약 5000만 년 전인 에오세에 북반구의 북아메리카, 유럽 및 아시아의 삼림 지대에 넓게 분포했다. 히라코테리움의 몸길이는 40센티미터 정도로 여우만 했으며, 앞발은 4개의 발가락을 그리고 뒷발은 3개의 발가락을 가지고 있었고, 각 발가락 끝에는 작은 발굽이 감춰져 있었다. 또한 짧은 목과 굽은 등 그리고 상대적으로 긴 꼬리와 긴 다리를 가져서 빠르게 달리기에 적합한 몸을 지니고 있었다. 히라코테리움은 사각형의 큰 어금니, 작은 어금니 그리고 작은 송곳니를 지니고 있었는데 이 같은 특징을 근거로 과학자들은 히라코테리움이 식물의 잎사귀 같은 부드러운 부분을 뜯어먹으며 살았을 것으로 추정한다.

■ 말의 진화의 새벽을 연 히라코테리움.

약 3500만 년 전인 에오세 말에 이르러 말은 진화해, 앞발은 하나의 발가락을 잃어 3개의 발가락을 지니게 됐다. 메소히푸스 (*Mesohippus*)로 명명된 이 말은 크기가 약 60센티미터였으며, 비교적 곧은 등과 긴 다리 그리고 큰 앞어금니를 가지고 있다. 말은 계속 진화해 올리고세 후기에 이르러 세 발가락 중에서 가운데 발가락 만이 자란 미오히푸스(*Miohippus*)가 출현했다. 이 구조는 미오히푸스 가 몸을 땅에서 더 멀리 들어 올리는 데 도움을 주었다.

약 2000만 년 전인 마이오세에 이르러 말은 진화해 각 발의 중간 발굽이 매우 커졌으며 나머지 2개의 발가락은 퇴화해 땅에 닿지 않게 됐다. 메리키푸스(*Merychippus*)로 명명된 이 말의 크기는 90센티미터 정도로 조랑말만 했으며, 넓은 초원에서 단단한 풀을 뜯어먹으며 살았다.

이제 말은 더욱 진화해 약 800만 년 전인 마이오세 말에 이르러 하나의 발굽만을 지니게 됐으며, 목과 머리는 더 길어졌고, 눈의 위치도 더욱 양옆으로 놓이게 됐다. 이 같은 진화는 말이 넓은 평원에서 빨리 달리고 포식자를 더욱 빨리 발견할 수 있도록 진화된 결과이다. 이 말은 플리오히푸스(*Pliohippus*)로 명명됐으며 크기는 약 1.1미터로 오늘날의 당나귀만 했다.

약 200만 년 전인 플라이스토세 말에 이르러 오늘날의 말이 나타났다. 에쿠스(*Equus*)로 명명된 이 말은 하나의 발굽을 가지고 있어서 넓은 초원에서 빠르게 달릴 수 있었다. 에쿠스의 크기는 약 1.5미터였다.

약 5000만 년 전에 원시 말이 출현한 이후, 말은 5000만 년 동안 변화하는 환경에 잘 적응하며 진화해 왔다. 그 결과, 넓은 초원에서 포식자로부터 빨리 달아나기 위해 발가락 수가 감소되고 발가락의 크기는 커지는 방향으로 진화했다. 그리고 포식자의 접근을 더 빨리 알아내기 위해 감각 기관을 예민하게 발달시킬 필요가 있었으며, 그 결과 뇌의 크기가 커지는 방향으로, 그리고 어금니도 억센 풀을 씹기에 적합하게 진화됐다. 이 같은 말의 진화 양상은 화석으로 잘 나타나 있다. 말의 화석은 진화의 양상을 보여 주는 좋은 증거 중 하나이다.

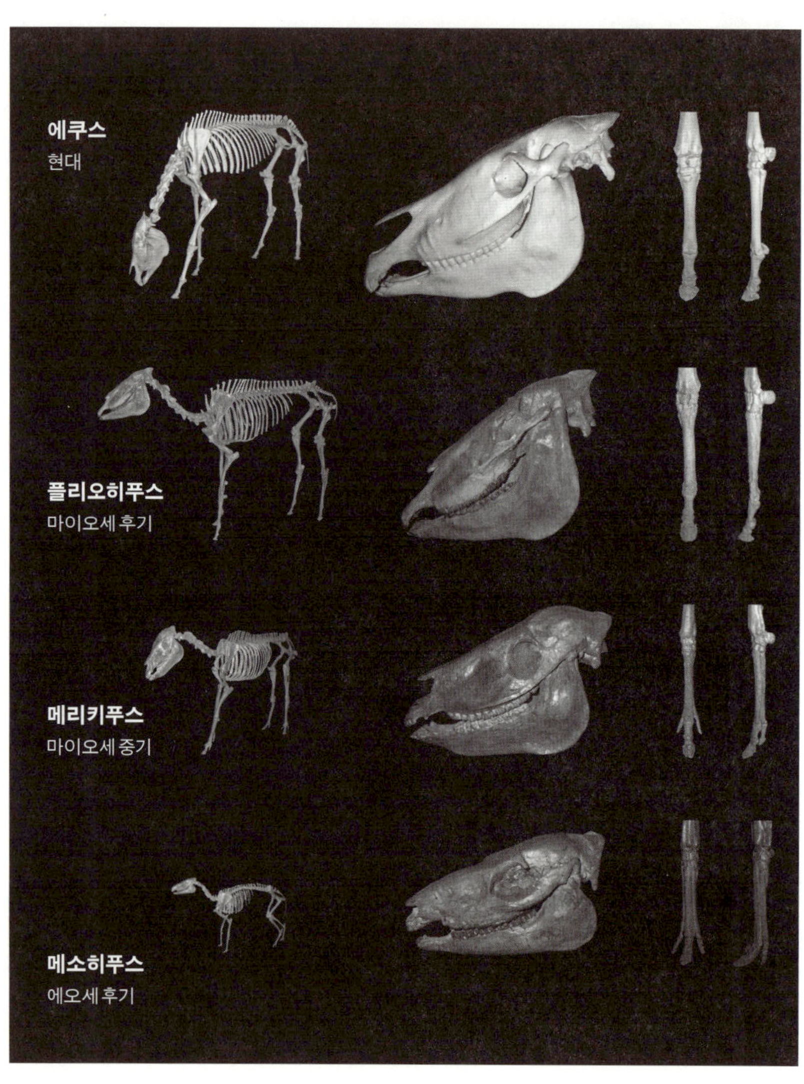

에쿠스
현대

플리오히푸스
마이오세 후기

메리키푸스
마이오세 중기

메소히푸스
에오세 후기

코끼리가 보여 주는 진화의 증거 30

현존하는 지상 생물 중 가장 큰 생물은 코끼리로, 현재 두 종류의 코끼리 ― 아프리카코끼리와 아시아코끼리 ― 만이 살아남아 있다. 그러나 지구의 역사를 돌이켜보면 원시 코끼리가 처음 출현한 약 4000만 년 전부터 현재까지 500종류가 넘는 코끼리가 흥망성쇠를 거듭했다. 이러한 코끼리의 진화 과정은 화석으로 잘 남아 있어 생명의 진화 과정을 알려준다. 화석이 보여 주는 코끼리의 진화 과정을 알아보자.

최초의 코끼리 메리테리움(*Moeritherium*) 가장 오랜 코끼리는 메리테리움으로 약 4000만 년 전인 에오세 후기에 북아프리카의 습지에서 살았다. 메리테리움의 이름은 메리테리움이 최초로 발견된 고대 이집트의 호수 모에리스(Moeris) 호에서 유래됐다. 메리테리움은 어깨 높이가 약 70센티미터 그리고 길이는 1미터였으며, 오늘날의 돼지만 했다. 메리테리움의 코는 약간 앞으로 내밀어져 있었으며 이빨은 앞으로 튀어나와 있었고 엄니는 가지고 있지 않았다. 다

코끼리의 진화 계통도

에오세
올리고세
마이오세
플라이오세
플라이스토세
현재
스테고돈
매머드
메리테리움
팔레오마스토돈
플라티벨로돈
프리멜레파스
아시아코끼리
아프리카코끼리
마스토돈
3800만 년 전
2400만 년 전
500만 년 전
200만 년 전
1만 년 전

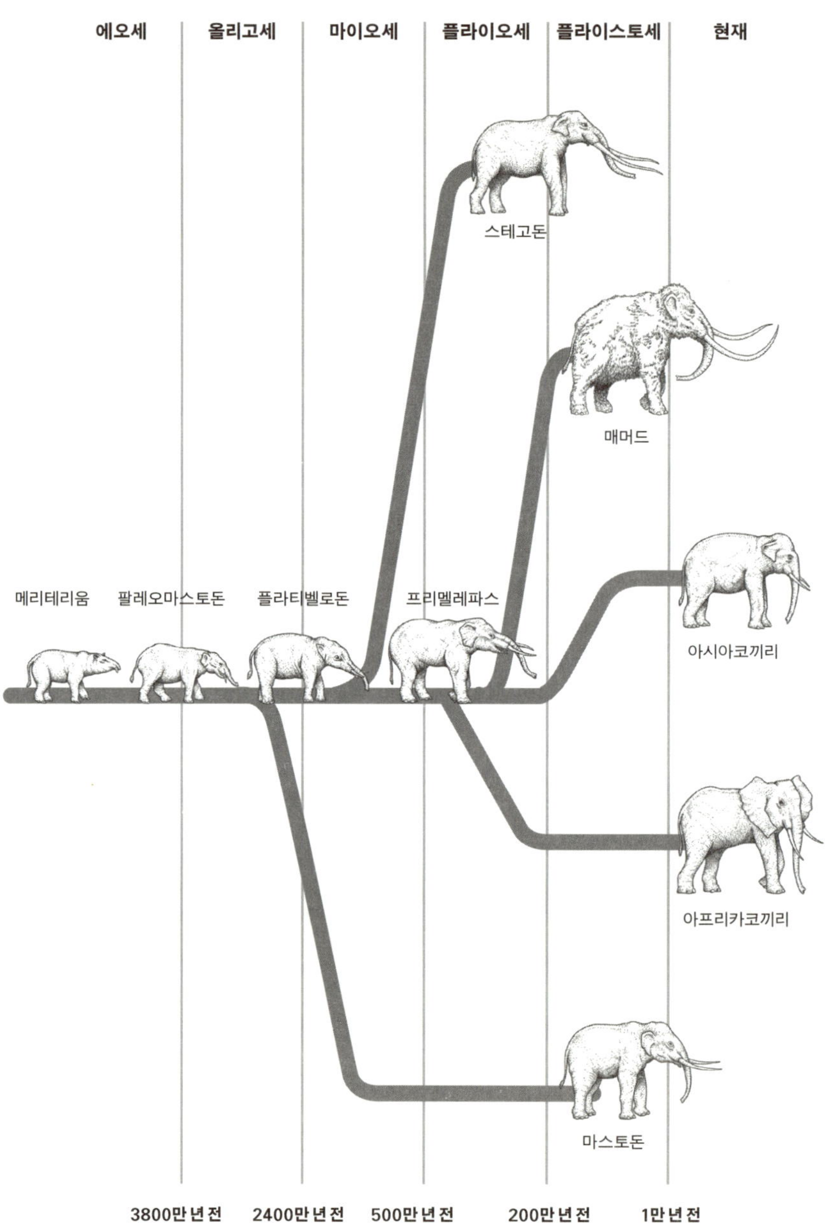

만 위턱의 둘째 앞니는 송곳니보다 길며 원시 엄니 모양을 하고 있었으며 아래턱에도 같은 앞니가 있었다. 두꺼운 윗입술은 약간 튀어나와 있었는데 맥과 같은 형태를 하고 있었다고 한다. 메리테리움의 몸은 긴 반면, 다리는 상대적으로 짧았다. 과학자들은 이 같은 사실을 토대로 메리테리움이 아마도 오늘날의 돼지처럼 걸었을 것이라고 추정하고 있다. 메리테리움의 화석은 주로 강가, 삼각주 그리고 늪지대에서 발견되며 이 같은 사실은 메리테리움이 아마도 오늘날의 하마처럼 습기가 있는 지역을 좋아했음을 의미한다. 이들은 아마도 물가의 식물들이나 얕은 물에서 자라는 수초를 뜯어먹으며 살았을 것이다.

피오미아(*Phiomia*) 약 3000만 년 전인 올리고세에 메리테리움보다 몸집이 크고 위턱과 아래턱에 엄니 모양의 앞니를 가진 원시 코끼리가 나타났다. 이 원시 코끼리는 피오미아로 명명됐는데, 특히 아래턱의 앞니가 길었다. 또한 비교적 긴 아래턱을 지녔는데 이것으로 아마도 키 작은 육상 식물들을 파내는 데 이용됐을 것이다.

플라티벨로돈(*Platybelodon*)**과 다이노테리움**(*Deinotherium*) 약 2000만 년 전인 마이오세에 이르러 원시 코끼리는 더욱 진화해 오늘날의 코끼리와 비슷하게 보였다. 플라티벨로돈은 아래턱에 넓은 가래 모양의 이빨을 가지고 있었으며 이것으로 육상 식물을 파냈다. 크기가 약 4미터에 이르는 다이노테리움은 몸집이 더욱 컸으며, 아래턱에 굽은 이빨을 가졌고, 오늘날 불도저가 흙을 퍼올리는 것처럼 포크 모양의 이빨로 식물을 파냈다. 다이노테리움은 실제적인 엄니를 가진 최초의 원시 코끼리였으며 코의 길이도 훨씬 길어져 땅에 닿을 정도가 됐다.

스테고돈(Stegodon) 약 500만 년 전인 플라이오세 초기에 이르러 코끼리는 더욱 진화해, 긴 코와 길고 곧게 뻗은 엄니를 가지게 되어 오늘날의 아프리카 코끼리와 비슷하게 됐다. 스테고돈은 아시아(동부)·동남아시아·인도·이스라엘 등지에 분포했다.

플라이스토세(약 180만 년 전부터 1만 년 전까지의 기간)는 '코끼리의 시대'라고 불릴 정도로 다양한 크기와 종류의 코끼리가 존재했다. 돼지만 한 코끼리에서 크기가 5미터에 이르는 거대한 **매머드(Mammoth)**와 **마스토돈**까지 여러 종류의 코끼리가 있었다. 이들의 피부도 다양했는데 매끄러운 피부를 가진 코끼리와 털이 많은 피부를 가진 코끼리 등이 있었다. 이중 마스토돈은 약 2000만 년 전인 마이오세에 처음 나타나 점차 진화했으며 약 1만 년 전인 플라이스토세 말에 멸종했다. 아프리카, 유라시아 및 북아메리카 지역에 널리 분포했다.

원시 코끼리가 처음 출현한 4000만 년 전부터 1만 년 전까지 코끼리는 변화하는 환경에 적응하기 위해 다양한 형태와 크기의 턱을 실험했다. 마침내 엄니와 코를 이용해 음식물을 섭취하는 방법으로 진화의 방향이 정해졌으며, 그 결과 코의 길이가 길어지고 엄니가 발달됐다. 또한 신생대 플라이스토세로 가면서 기온이 낮아짐에 따라 신생대 포유류들은 낮은 기후에 적응하기 위해 몸집이 커지는 방향으로 진화가 이루어졌다. 체구를 키우면 몸의 부피에

■ 마스토돈의 이빨 화석.

비해 표면적이 작아져 체구가 작을 때보다 효과적으로 체온을 유지할 수 있었다. 이 같은 코끼리의 진화 양상은 화석으로 잘 나타나 있다. 화석은 진화의 모습을 보여 주는 증거이다.

화석 복제는 가능할까?

최근 러시아, 프랑스, 일본 등의 과학자들로 이루어진 다국적 팀이 매머드를 복제하겠다는 계획을 발표했다. 현생 생물, 특히 인간을 대상으로 하는 복제는 외모와 유전 형질뿐만 아니라 성격, 감정, 능력 등 여러 면에서 똑같은 인간을 만드는 것을 의미하기 때문에 종교·윤리·사회적인 논란의 대상이 되지만, 화석 생물의 복제는 의미가 약간 다르다. 화석 복제는 현재는 생존하지 않는 먼 옛날에 살았던 생물들을 되살려내는 것이기 때문이다. 오늘날 생존하는 동물들도 종의 다양성과 보존을 목적으로 하는 경우에는 복제가 허용되고 있다.

매머드는 오늘날 코끼리의 가까운 친척으로 약 200만 년 전부터 유럽, 중앙아시아, 시베리아 및 북아메리카 등지에서 번성했지만 약 1만 년 전에 멸종한 신생대의 대표적인 포유동물이다.

우리는 고대 구석기인들이 그린 동굴 벽화와 발굴된 뼈 그리고 드물기는 하지만 살점까지 완전하게 보존된 매머드를 통해 매머드가 어떤 모습이었는지 알 수 있다. 매머드는 오늘날의 코끼리처럼 긴 코와 상아를 지니고 있다.

매머드의 긴 코는 사실상 길게 자란 근육질의 윗입술과 코이며, 상아는 위턱에 있는 2개의 앞니가 성장한 것이다. 상아는 일생 동안 계속 자라며, 길이는 보통 2미터 정도로 방어용 무기의 역할을 했을 것이다. 상아는 나무의 나이테처럼 매년 자라며 이를 통해 매머드의 나이를 추정할 수 있다. 상아의 성장 속도는 계절 변화나 영양 상태에 따라 달라지는데 보통 1년에 6밀리미터 정도 성장했을 것으로 추정된다. 매머드는 위턱과 아래턱에 각각 2개의 커다란 어금니를 가지고 있다. 이 어금니는 여러 개의 법랑질과 상아질 구조가 합쳐져 하나의 커다란 덩어리를 이루고 있다. 매머드는 어금니로 섭취한 풀을 갈거나 빻으며, 이로 인해 어금니가 닳아 없어지게 되면 새로운 어금니로 교체된다. 어금니는 일생동안 6번 갈 수 있으며 한 번 교체하는 데 걸리는 기간은 7일 정도로 추정된다. 만약 어금니를 6번 다 갈았다면 매머드는 더 이상 섭취한 풀을 갈거나 빻을 수 있는 어금니가 없게 되어 결국은 굶어 죽게 된다. 과학자들은 매머드의 수명이 보통 60세였을 것으로 추정하며, 생후 10~12년부터 생식이 가능했고, 임신 기간은 22개월, 그리고 새끼는 한 번에 한 마리씩 낳았을 것이라고 추정한다.

오늘날 시베리아와 알래스카 지방에서는 많은 매머드 화석이 발견되고 있다. 이중 가장 유명한 것은 시베리아의 베레조프카 (Beresovka)에서 냉동된 채로 발견되어 살점까지 보존된 완전한 매머드(1901년 발굴)와, 디나(Dina)라는 이름을 얻은 생후 6개월 된 새끼 매머드(1977년 발견), 그리고 시베리아에서 발견된 3개월 된 새끼 매머드(1988년 발견)이다.

이처럼 완전하게 보존된 매머드의 화석은 위 속 내용물도 온전히 보존되어 있어, 과학자들은 이를 통해 매머드가 오늘날의 스텝 지역보다 더 건조한 초원 지역에서 풀, 이끼, 열매 등을 먹으며 살았음을 알게 됐다. 매머드는 추운 기후로 인해 오랫동안 먹이를 찾지 못할 것에 대비해 어깨 부근의 돌출된 기름 주머니 돌기에 에너지를 저장했다. 따라서 어깨 부근이 엉덩이 부근보다 훨씬 높았으며,

■ 새끼 매머드 화석.

이런 점이 코끼리와 구분되는 점 중 하나이다.

오늘날 유럽과 러시아의 구석기 시대 유적에서는 매머드 뼈로 지은 오두막이 발견된다. 구석기인들은 매머드의 뼈를 규칙적으로 조합 및 배열해 오두막을 지었으며 뼈와 뼈 사이는 이끼와 풀로 메웠을 것이다. 또한 작은 빗살 문양들이 새겨진 매머드 두개골이 발견되기도 하는데 이것은 매머드의 두개골이 북으로 사용됐음을 지시한다. 또한 매머드의 뼈는 무덤의 시체를 덮는 데 이용되기도 했다. 앞에 열거한 증거들은 매머드가 구석기인들에게 단순히 식량과 옷을 제공하는 동물 이상으로 이용됐음을 가르쳐 준다.

수십만 년간 인류와 더불어 생존해 온 매머드는 플라이스토세 말(약 1만 년 전)에 갑작스럽게 멸종했다. 과학자들은 당시의 환경과 매머드의 신체 구조에 대한 자세한 연구를 통해 매머드의 멸종에 관한 다양한 이론들을 제안했다. 이 이론 중에는 두꺼운 지방층과 털을 지녀서 빙하기에도 잘 지낼 수 있었던 매머드가 갑작스러운 기후 온난화에 적응하지 못해 멸종했다는 주장도 있고, 후기 구석기인들이 사냥 도구 및 기술을 발달시킴에 따라 과도한 포획으로 인해 매머드가 멸종했다는 주장도 있다. 그리고 치명적인 바이러스 때문에 매머드가 멸종했다는 주장 등도 있다.

매머드는 22개월의 임신 기간을 거쳐 한 마리의 새끼를 낳았는데, 아마도 이처럼 낮은 번식률이 앞의 원인들과 결부되면서 멸종을 가속화시켰을 것이다.

지금도 시베리아의 동토 속에는 수많은 매머드가 잠자고 있다.

■ 매머드 사냥 장면을 그린 고대 벽화.

동토 속의 매머드는 베레조프카에서 발굴된 매머드처럼 전혀 부패되지 않은 살점을 지니고 있다는 점에서 과학자들의 비상한 관심을 끌고 있다. 최근 러시아, 프랑스, 일본 등의 과학자들은 다국적 매머드 발굴단을 구성해 매머드에서 DNA나 정자를 채취해 매머드를 복제하겠다는 계획을 발표했다. 즉 발굴된 매머드에 정자가 남아 있다면 코끼리의 난자와 수정해 잡종을 만들고, 태어난 암컷과 수컷끼리 교배를 거듭해 50년 정도 뒤에는 원래 매머드 유전자의 88퍼센트를 지닌 매머드를 되살린다는 계획이다. 아니면 DNA는 보통 수만 년 정도 보존되므로 연결 고리가 빠짐없이 완전한 DNA를 우연히 찾게 된다면 체세포 복제 방법을 이용해 매머드를 복제할 수도 있다.

매머드 복제는 중생대의 곤충에서 공룡의 DNA를 채취해 공룡을 복원해 낸 어느 영화 속 이야기보다는 꽤나 현실적인 이야기인 것만은 틀림없다. 실제로 최근에 동물 화석 속에서 나온 화석 목련 씨가 발아한 예도 있다. 먼 옛날에 살았던 식물이 현대에 되살아난 것이다. 하지만 발아한 목련은 현생 목련과는 전혀 틀린 형태였다고 한다. 매머드 복제는 과연 가능할까? 과학 기술의 발전이 놀랍기만 하다.

서로 다른 생물 그룹이라도 좋은 생활 방식이 있을 경우 한 가지 이상의 특성이 서로 유사하게 진화하는 것을 '수렴 진화'라고 한다. 신생대 맹수들이 발달시켰던 검치(긴 송곳니)는 그 한 예로, 다수의 유대류와 유태반류의 동물들이 송곳니를 길게 발달시키는 방향으로 진화했다.

신생대에 이르러 번성하기 시작한 맹수들은 점차 생활 환경에 적응하면서, 크고 두꺼운 피부를 가진 먹이의 숨통을 재빨리 끊기 위해 검치를 발달시켰다. 약 2000만 년 전부터 200만 년 전까지의 기간인 신생대 마이오세와 플라이오세에 남아메리카에서 살았던 틸라코스밀루스(*Thylacosmilus*)는 유대류 중 검치를 발달시킨 대표적인 동물이다. 몸길이는 1.3미터 정도였으며, 넓은 삼림 지대에 살았다. 틸라코스밀루스의 송곳니는 평생 자랐으며 따라서 검치의 끝을 항상 갈아야 했다. 이들은 검치가 부러지는 것을 막기 위해 턱 아래로 커다란 방어용 테두리가 자라 있었다. 또한 발톱을 피부 속으로 숨길 수 없었다.

약 3000만 년 전부터 2000만 년 전까지 신생대 올리고세에 유럽에서 살았던 프로아일루루스(*Proailurus*)는 고양잇과와 검치고양잇과 동물들의 조상이다. 크기는 오늘날의 고양이와 비슷하거나 약간 컸으며, 긴 꼬리와 큰 눈, 날카로운 발톱과 이빨을 지녔다. 몸무게는 약 9킬로그램으로 아마도 나무에서 생활했던 것으로 여겨진다.

약 2000만 년 전인 신생대 마이오세 초에 출현한 검치고양잇과 동물들은 유태반류 중 검치를 지닌 대표적인 동물이다. 이중 마카이로두스(*Machairodus*)는 약 1300만 년 전부터 200만 년 전까지 유럽, 아시아, 아프리카, 북아메리카 지역에 살았던 동물로, 검치고양잇과 동물 중 가장 유명한 맹수인 검치호의 직접적인 조상이다. 마카이로두스는 고양잇과 동물인 디노펠리스(*Dinofelis*)와 일정 기간 공존하며 살았다.

디노펠리스는 약 500만 년 전과 150만 년 전 사이에 유럽, 아시아, 아프리카, 북아메리카 지역에서 살았던 큰 고양이다. 디노펠리스가 지닌 검치는 오늘날의 사자나 고양이가 지니고 있는 원뿔형의 이와 검치고양잇과의 동물들이 지닌 진짜 검치의 중간 정도 크기였기 때문에 '가짜 검치'라고도 불린다. 남아프리카에서는 디노펠리스와 디노펠리스가 사냥한 비비가 화석으로 함께 발견되기도 한다.

검치호는 약 300만 년 전인 플라이오세에 북아메리카에서 출현해, 플라이스토세에 이르러서는 북아메리카와 남아메리카에서 번

■ 스밀로돈의 두개골 화석.

성했다. 검치호 중 가장 유명한 것은 스밀로돈(*Smilodon*)이다. 스밀로돈은 '칼 같은 이'라는 뜻이다. 주로 몸집이 큰 마스토돈, 말, 들소 등의 초식 동물들을 사냥했으며 따라서 스밀로돈은 주로 관목이나 초원 지역에 거주했다. 약 1만 년 전에 몸집이 큰 포유류들이 사라지자 스밀로돈도 점차 멸종했다. 스밀로돈은 몸길이가 2미터, 지면에서 어깨까지의 높이는 1미터로 오늘날의 사자와 비슷한 크기였다. 짧은 꼬리와 굵고 강력한 다리, 큰 머리를 가졌으며, 몸무게는 약 350킬로그램이었다. 위턱에 약 17센티미터 길이의 검치를 지녔는데, 검치의 앞뒤 가장자리는 톱니 모양이었다.

초기에 검치는 먹이를 물어서 죽이기 위해 사용했다고 여겨졌다. 그 결과 어떤 검치호는 아래턱 뼈를 95도 이상 벌릴 수 있었다고 추정되기도 했다. 그러나 검치를 지닌 동물이 얼마나 크게 턱을 벌릴 수 있으며 또 이렇게 입을 크게 벌린 경우 먹이를 얼마나 강하게 물 수 있는지에 대해서는 의문의 여지가 많았다.

1980년 섀런 에머슨(Sharon B. Emerson)과 레너드 래딘스키(Leonard Radinsky)는 현존하는 육식 동물에 대한 자세한 연구를 통해 검치를 지닌 육식 동물들은 먹이의 목을 공격해서 죽였을 것으로 추정했다. 이렇게 하면 입을 크게 안 벌려도 긴 검치로 먹이의 숨통을 끊을 수 있었다. 1985년 윌리엄 아커스턴(William A. Akersten)은 오늘날의 고양이와 코모도도마뱀의 먹이 사냥 행동에 대한 연구를 통해 검치를 지닌 동물들은 검치를 이용해 먹이의 배를 쥐고 갈랐을 것으로 추정했다. 또는 이성의 관심을 끌거나 무리 내에서 위엄을 나타내는 데 사용했을지도 모른다. 오늘날 바다코끼리나 사향노루 등이 가진 긴 송곳니는 분명 사냥을 목적으로 한 것이 아니다.

신생대 맹수들이 발달시켰던 검치는 분명 다양한 용도로 사용되었을 것이다. 어떤 맹수는 먹이의 숨통을 재빨리 끊는 데 이용했을 것이다. 그러나 이 경우 먹이를 사냥할 때 목덜미가 아닌 다른 뼈 부위를 물게 되면 원래 약한 검치가 쉽게 깨지는 단점이 있다. 아마도 먹이의 배를 공격하기 위해 검치를 발달시킨 맹수도 있었을지도 모른다.

검치고양잇과 맹수들은 약 1만 년 전에 몸집이 큰 먹이들이 멸종하자 슬그머니 지구상에서 사라져 버렸다.

땅을 기어 다닌 거대 나무늘보 33

메가테리움(*Megatherium*)은 신생대 후기에 북아메리카와 남아메리카에서 번성한 거대한 육상 나무늘보로 빈치류(貧齒類, Xenarthra)의 대표적인 동물이다. 빈치류란 이빨인 빈약하게 발달한 동물들을 지칭하는데, 메가테리움은 수직 높이가 약 4미터, 코끝에서 꼬리까지의 몸길이는 약 6미터 그리고 몸무게는 약 3톤에 달하는 대형 초식 동물이다. 타원형의 길쭉한 두개골과 짧고 굵은 꼬리를 지니고 있었다.

메가테리움은 현생 나무늘보와 밀접한 관련을 갖고 있지만 크기와 특징은 매우 다르다. 현생 나무늘보는 몸길이가 60센티미터 그리고 몸무게는 8킬로그램 정도이며, 긴 4개의 다리를 갖고 있는데, 특히 앞다리가 뒷다리보다 더 길다. 각각의 발에는 구부러진 갈고리 모양의 튼튼한 발톱이 2개씩 또는 3개씩 있다. 이 발톱은 나무에 매달릴 때 미끄러지지 않고 고정시키는 기능을 하기 때문에 나무에 거꾸로 매달려 생활하기에 용이하다. 체질이 변온성이기 때

■ 메가테리움 화석.

문에 주로 기온차가 심하지 않은 열대 우림에서 생활하며 하루에 18시간 정도 나무 위에서 잠을 잔다. 야행성으로 밤이 되면 잠에서 깨어나 나뭇잎이나 열매 등을 따먹고 배가 부르면 다시 잔다. 일주일에 한 번 보는 대소변을 위해 또는 물을 마시기 위해 땅에 내려오지만 아주 잠깐뿐이며, 따라서 잘 걷지 못한다. 움직임 또한 매우 느려서 1분에 20센티미터밖에 못 움직인다.

메가테리움은 1789년 브라질에서 최초로 발견됐으며, 1856년 오언 처음 이름을 붙였다. 주로 나무 위에서 생활하는 현생 나무늘보와는 달리 메가테리움은 나무에 매달리거나 올라가지 않고 땅 위에서 살았기 때문에 '땅늘보'라고도 불린다. 오늘날 단지 2속 7종의 나무늘보가 남아메리카 대륙에 존재하지만, 화석 기록을 살펴보면 35속 이상의 나무늘보가 남극, 남아메리카, 북아메리카 지역에서 살았음을 알 수 있다. 나무늘보 화석의 크기는 매우 다양해서 몸길이가 1미터인 것부터 코끼리만 한 것까지 있다. 이중 가장 큰 나무늘보, 즉 코끼리만 한 나무늘보가 메가테리움이다.

현생 나무늘보처럼 메가테리움도 앞다리와 뒷다리에 갈고리 모양의 강한 발톱을 각각 3개씩 갖고 있었는데, 그 기능은 사뭇 달라서, 메가테리움은 앞발과 갈고리 모양의 발톱으로 나뭇잎이나 나뭇가지를 끌어당겨 잎을 따먹거나 적으로부터 자신을 보호하는 데 이용했다. 높은 곳에 위치한 나뭇잎을 따먹을 때에는 강한 뒷다리를 이용해 두발로 섰으며 이때 튼튼하고 강력한 꼬리를 지면에 붙여 버팀목으로 이용했다. 다른 빈치류 동물들처럼 메가테리움도 앞니와 송곳니가 없고 이빨도 법랑질로 덮여 있지 않았지만, 어금니와 강한 턱을 지니고 있어서 음식물을 잘 씹어 삼킬 수 있었다.

메가테리움의 발자국 화석을 연구한 결과 메가테리움이 두발 보행과 네발 보행을 병행했음을 알 수 있었다. 메가테리움은 앞발이 뒷발보다 길었기 때문에, 네발로 보행할 때에는 팔꿈치와 뒷발을 사용해 걸었다. 또한 뒷발은 바깥쪽으로 향하게 하고 뒷발의 측면으로 걸어서 뒷발에 난 발톱이 앞발을 찌르는 것을 방지했다. 두발 보행은 메가테리움이 크고 안정된 골반과 강한 뒷다리를 가지고 있었기 때문에 가능했던 것으로 추정된다. 연구에 따르면 메가테리움은 초속 1.78미터의 속도로 걸었으며, 두발로 걸을 때와 네발로 걸을 때의 속도를 비교해 보면 거의 차이가 없었던 것으로 밝혀졌다.

메가테리움 화석은 남아메리카에서는 플라이오세 그리고 플라이스토세 지층에서 그리고 북아메리카에서는 플라이스토세 지층에서 발견되는데, 아마도 플라이오세 후기에 북아메리카와 남아메리카가 서로 연결됐을 때 남아메리카에서 북아메리카로 이동한 것으로 추측된다. 메가테리움은 약 1만 년 전인 플라이스토세 말에 갑작스럽게 멸종했다. 메가테리움의 멸종에 대한 다양한 이론들이 제안됐다. 이 이론 중에는 빙하기에 아시아에서 건너온 인류의 과도한 포획으로 인해 메가테리움이 멸종했다는 주장, 인류가 아시아에서 건너올 때 옮겨온 치명적인 바이러스 때문에 멸종했다는 주장 그리고 갑작스러운 기후의 온난화에 적응하지 못하고 멸종했다는 주장 등이 있다. 아마도 앞의 원인들이 복합적으로 작용해 메가테리움의 멸종에 영향을 미쳤을 것으로 여겨진다.

　메가테리움은 신생대 후기에 북아메리카와 남아메리카에서만 살았던 이상한 포유류이다. 이가 거의 없는 빈치류의 일종으로 크기는 매우 컸으며 땅 위에서만 생활했다. 오늘날 메가테리움의 후손인 나무늘보가 열대 우림 지역에서 살아가고 있지만, 이 둘은 형태적 특징과 생활 습성은 매우 다르다. 생명의 진화 양상은 참으로 예측 불허이다.

영장류 진화의 갈림길 34

약 5000만 년 전인 에오세에 이르러 지구의 기온은 좀 더 따뜻해
졌으며, 이로 인해 전 세계로 숲이 확산되어 포유류의 분화를 더욱
가속화했고, 마침내 우리 인간이 속해 있는 영장류가 분화해 나왔
다. 최초의 영장류는 여우원숭잇과에 속한 것으로 나무를 움켜쥘
수 있는 손과 발을 지니고 있어서, 나무에 매달리거나 이 나무에서
저 나무로 뛰어다니며 생활할 수 있었다. 현존하는 원시 영장류인
여우원숭이, 안경원숭이, 로디스원숭이의 직접적인 조상으로 야행
성이었을 것으로 추정된다.

에오시미아스(*Eosimias*)는 에오세 중기인 약 4500만 년 전부터
4000만 년 전까지 나무에서 생활하던 원시적인 영장류이다. 이 동
물은 오늘날의 가장 작은 원숭이만 한 크기였을 것으로 추정되며,
물건을 움켜 쥘 수 있는 손과 발이 진화했고, 아마도 색깔을 구별
할 수 있었을 것이다. 최근 카네기 자연사 박물관의 큐레이터인 크
리스토퍼 비어드(K. Christopher Beard) 박사가 조직한 미국과 중국의

연합 발굴팀은 중국 중부와 동부에서 에오시미아스의 다리뼈를 발굴했다. 발견된 다리뼈는 여우원숭이, 안경원숭이를 포함하는 하등 영장류와 원숭이, 오랑우탄, 고릴라, 침팬지, 사람을 포함하는 고등 영장류의 특징을 함께 지니고 있어서 둘 사이를 연결하는 잃어버린 고리로 여겨지고 있다.

원숭이류는 신세계 원숭이와 구세계 원숭이로 나뉜다. 신세계 원숭이는 남아메리카와 북아메리카에서 번성했던 종류로 구세계 원숭이와 비교할 때, 코가 납작하고 꼬리를 사용해 나무에 매달릴 수 있었다. 가장 오랜 신세계 원숭이는 브라니셀라*(Branisella)*로 올리고세 초기에 남아메리카의 볼리비아에서 살았다. 아마도 에오세와 올리고세에 아프리카에서 이주해 왔을 것으로 추정된다. 구세계 원숭이는 아프리카, 유럽, 아시아에서 번성했던 종류로 콧구멍이 아래로 향하고 있으며 꼬리로 물건을 잡을 수 없었다. 구세계 원숭이는 마이오세에 아프리카에서 진화해 아시아와 유럽 지역으로 이주했다.

사람은 생물학적으로 영장류라고 불리는 동물 무리에 분류되어, 침팬지, 고릴라, 오랑우탄, 긴팔원숭이 등이 포함되는 유인원의 조상으로부터 태어난 것으로 생각되고 있다. 현재 가장 오래된 유인원 화석은 약 2000만 년 전 동아프리카의 열대 우림에서 생활했던 프로콘솔*(Proconsol)*이라고 불리는 동물로, 1930년경부터 아프리카의 빅토리아 호 주변에서 화석이 발견되기 시작했다. 프로콘솔은 오늘날의 침팬지 정도의 크기로 나무 위에서 네발로 걸어 다니며 생활했던 것으로 추정된다.

케냐피테쿠스(*Kenyapithecus*)는 케냐 지방에 분포하는 약 1400만 년 전의 지층에서 발견된 유인원 화석으로, 1960년경에 최초로 발견됐다. 케냐피테쿠스는 프로콘솔의 후예로, 침팬지와 비슷한 크기였으며, 오늘날 아시아 남부 지역에 서식하는 오랑우탄의 직접적인 조상으로 추정된다. 당시는 아프리카와 아라비아가 유라시아와 연결되어 있었기 때문에 생물들 간에 많은 교류가 이루어졌으며, 유인원들도 아프리카에서 유라시아로 진출할 수 있었다. 따라서 약 1000만 년 전에는 아프리카를 비롯한 유럽, 아시아 지역에서 유인원들이 번성했다. 약 1100만 년 전에는 아프리카와 유라시아 대륙 사이의 생물들 간의 교류가 단절됐으며, 각 대륙에 남겨진 유인원들은 독자적으로 진화하기 시작했다. 마이오세 말(800만 년 전부터 500만 년 전까지의 기간)에 지구의 기후는 변화해 더 추워지고 건조해졌으며, 이로 인해 유인원들의 서식 환경이 급속도로 파괴되어 많은 유인원들이 멸종했다. 이제 유인원들의 서식 범위는 적도 지대로 한정되게 됐으며 살아남은 유인원들은 체구가 더 커지고 더 분화됐다. 그러다가 마침내 인류가 탄생하게 됐다.

유인원의 진화 경로를 종합해 보면 우선 프로콘솔에서 케냐피테쿠스가 갈라져 나왔으며, 케냐피테쿠스에서 오랑우탄이 갈라져 나왔고, 그 후 고릴라, 침팬지 순서로 갈라져 진화해 오다가 마침내 마이오세 말에 인류가 탄생했음을 알 수 있다.

■ 공통 조상을 둔 인류와 근연종들.

거짓 화석

생물의 유해나 흔적은 아니지만, 자연 작용으로 인해 무기적으로 형성되어 꼭 화석처럼 보이는 것이 발견되는 경우가 있는데 이것을 위화석(僞化石, pseudofossil)이라고 부른다. 즉 위화석은 생물과는 아무 관계없이 무기적으로 형성된 거짓 화석이다.

모수석(模樹石, dendrite)은 겨울철 유리에 성애가 생기는 것처럼, 암석의 틈에서 식물의 잎과 줄기와 비슷한 형태가 나타난 것이다. 그러나 모수석은 일반적으로 화석이 발견되는 퇴적암뿐만 아니라 화성암이나 변성암에서도 관찰되기 때문에 거짓 화석임을 쉽게 알 수 있다. 모수석은 암석 속에 이산화망간(MnO_2)이나 황철석(FeS_2) 등의 광물질이 침전되어 이끼류와 같은 형태를 만든 것으로 실제 식물과는 아무 관련이 없다.

꽃돌은 암석 속에 진짜 꽃과 흡사한 꽃무늬가 들어 있는 돌로, 1800년경 이탈리아 코르시카(Corsica) 지방에서 최초로 알려졌으며 'Corsite'라고 불려 왔다. 꽃돌은 자세히 살펴보면 암석의 바탕에

핵과 이를 둘러싼 각이 꽃 모양을 이루는 구상암(球狀岩, orbicular rock)으로, 중심핵과 각의 모양과 특징에 따라 다양하게 구분된다. 해바라기, 국화, 장미, 목단 등 종류만도 10여 종이 넘는데, 색상, 형태, 크기 등을 고려하면 60여 종까지 세분할 수 있다. 전 세계적으로 100여 곳 이상에서 발견된다.

우리나라에서는 경상북도 청송·청도, 경상남도 밀양, 강원도 정선 지방 등에서 산출되고 있지만, 그중 대부분은 경상북도 청송군 진보면 태행산 일대에서 주로 발견된다. 태행산의 꽃돌은 백악기의 화성 활동으로 형성된 안산암 내에서 발달해 있으며, 안산암은 소규모 암맥 형태로 산출되고 있다. 태행산의 꽃돌은 화성 기원으로 마그마 분화 작용과 밀접한 관련을 보인다. 변성 기원으로는 무주의 화강편마암에서 발견되는 꽃돌이 있다.

거짓 화석과 실제 화석은 어떻게 구별할까? 먼저, 화석을 포함하는 암석의 종류를 파악해야 한다. 먼 옛날에 살았던 생물이 화석으로 바뀌기 위해서는, 먼저 죽은 생물 위에 모래나 흙이 쌓인 뒤 오랜 시간이 흐르면서 함께 굳어야 한다. 이렇게 흙이나 모래가 쌓여서 굳어진 암석을 퇴적암이라고 하니까, 화석은 퇴적암에서 발견된다. 대부분의 화석은 퇴적암에서 발견되지만, 드물게 변성암에서도 발견된다. 변성암은 열이나 압력으로 인해 성분이나 조직이 변한 암석이므로, 퇴적암이 열이나 압력을 적게 받은 경우 변성암 속에 화석이 남아 있기도 한다. 따라서 화석을 포함하는 암석의 종류가 무엇인지 일차적으로 확인해 보는 것이 중요하다. 만일 퇴적암이라면 이때부터 자세히 조사해 볼 필요가 있다. 화성암에서 화석이 산출됐다면 그 화석은 거짓 화석일지도 모른다.

발견되는 화석의 종류와 화석을 포함하는 퇴적암의 종류를 서로 비교해 볼 필요가 있다. 만일 발견된 화석이 육상 동물인데, 화석을 포함하는 암석의 종류가 석회암이라면 이 화석은 거짓 화석일지도 모른다. 육상 동물은 말 그대로 육지에서 살았던 생물인 데 반해 석회암은 바다 속에서 형성된 퇴적암이기 때문이다. 설사 거짓 화석이 아니더라도 화석과 화석을 포함하는 암석이 나중에 서로 인위적으로 결합된 것일지도 모른다. 따라서 화석화된 생물이 살았던 환경과 그 환경에서 퇴적되는 퇴적암의 종류를 서로 비교해 보아야 한다.

화석이 발견된 지역의 암석의 종류가 무엇인지 지질도를 통해 확인해 보는 것도 중요하다. 어느 지역의 지표를 구성하는 암석의 종류와 분포를 보여 주는 지도를 지질도라고 하는데, 지질도에는 암석의 종류뿐만 아니라 암석이 형성된 시기도 기록되어 있다. 긴 지질 시대 동안에 쌓인 퇴적암에서 산출되는 화석 생물의 내용은 변화하므로 서로 다른 시기에 쌓인 퇴적암에서 산출되는 화석의 종류도 틀려지게 된다. 즉 우리가 흔히 '삼엽충의 시대' 또는 '공룡의 시대'를 말하는 것처럼 대개의 화석 생물은 한 시대에 국한되어 살았으며, 시간이 흐르면서 다른 생물로 진화해 나갔다. 따라서 발견된 화석이 알려주는 지질 시대 및 생활 환경과 화석이 발견된 지역의 암석의 종류, 지질 시대, 환경 등의 자료를 서로 비교해서 일치

■ 거짓 화석들. 위의 것들은 꽃돌이고 아래 있는 것이 모수석이다.

하는지를 확인해야 한다.

화석과 화석을 포함하는 암석, 산지, 지질 시대 등의 기본 정보가 일치한다면, 화석화된 생물에 대한 자세한 관찰이 필요하다. 화석화된 생물의 형태, 구조 및 각 부분의 기능에 대한 자세한 관찰을 통해 발견된 화석이 실제 생물의 형태, 구조가 될 수 있는지, 또 이미 발견된 동일한 종류의 화석과 형태 및 구조가 일치하는지 비교한다. 이 과정을 통해 진짜 화석인지 거짓 화석인지 밝혀낼 수 있다.

5부
인류는
어디에서 왔는가?

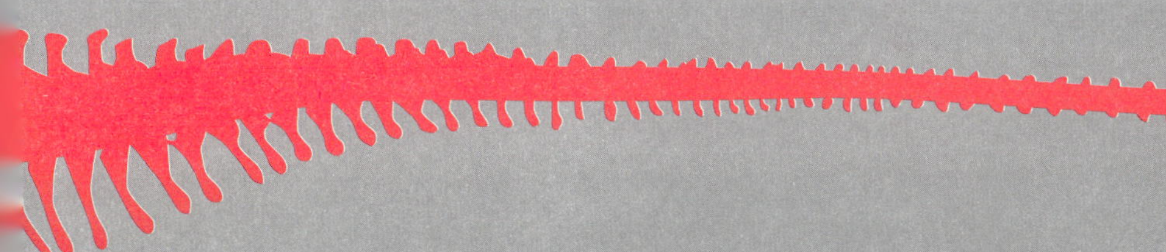

루시라는 여인을 아시나요?

35

1974년 11월 30일, 아프리카 에티오피아의 아파르 사막 한복판에 위치한 하다르(Hadar) 지역에서 기적적인 발견이 있었다. 약 350만 년 전 에티오피아의 아파르 지역에서 살았던 최초의 호미니드(Hominid) 화석이 발견된 것이다. 발견자는 당시 대학원생이었던 도널드 조핸슨(Donald C. Johanson)이다.

호미니드는 직립 보행을 한 영장류이다. 즉 호미니드는 뒷발로 서서 걸어 다닌 모든 종들을 하나로 묶은 집단을 통칭하는 것으로, 오스트랄로피테쿠스속(Australopithecus)과 사람속(Homo)을 비롯해 사람의 특징을 지닌 인류를 포함하며, 이전의 유인원들과는 구분되는 집단이다. 따라서 호미니드는 모든 사람을 포함하지만, 모든 호미니드가 사람인 것은 아니다.

조핸슨이 발굴한 화석은 수백 개의 뼛조각들로 한 사람의 전체 골격 중 약 40퍼센트에 해당하는 것이었다. 뼛조각의 주인은 키가 1미터 내외, 몸무게는 30~50킬로그램, 뇌의 크기는 400시시(cc), 사망 당시 나이는 25~30세의 성인 여성으로 추정됐다. 발굴된 사랑니는 완전히 자라 있었고 사용으로 닳은 흔적이 있어서 성인임을 짐작할 수 있었으며, 척추에 변형이 일어난 것으로 보아 관절염 또는 다른 뼈 질환을 갖고 있었던 것으로 보인다. 이 화석의 정확한 식별 번호는 AL288-1이었는데, '루시(Lucy)'라는 애칭을 갖고 있다. 이것은 조핸슨이 이 화석을 발굴한 날 저녁, 캠프에서는 거의 완벽한 호미니드 화석의 발굴을 축하하는 파티가 열렸는데, 이때 녹음기에서 비틀즈의 노래 「다이아몬드와 함께 하늘에 있는 루시(Lucy in the Sky with Diamonds)」가 울려 퍼지고 있었다. 그날 밤 어느 순간부터 자연스럽게 이 화석을 '루시'라는 이름으로 부르게 됐다.

1975년 조핸슨은 스스로 '최초의 가족'으로 이름붙인 호미니드 화석 집단을 발견했다. 화석 집단은 성인 9명과 어린아이 4명의 뼈로 밝혀졌다. 조핸슨은 이 화석 집단과 루시에 대한 자세한 비교 연구를 통해 이들이 서로 같은 종임을 밝히고 이들에게 오스트랄로피테쿠스 아파렌시스(*Australopithecus afarensis*)라는 이름을 지어 주었다. Australo는 '남쪽', pithecus는 '유인원'이라는 뜻이며 afarensis는 화석이 발견된 '아파르' 지역의 이름을 딴 것이다.

오스트랄로피테쿠스라는 이름이 최초로 사용된 표본은 1924년 남아프리카 위트워터스란드 대학교의 레이먼드 다트(Raymond A. Datt) 교수가 발견한 '타웅 아이'이다. 그러나 발견된 화석은 사실 유인원이 아닌 호미니드이므로 이름을 잘못붙인 셈이지만, 첫 발견자가 붙인 속명은 바꿀 수 없다는 규정에 따라 그냥 이대로 사용되고 있다.

오늘날 오스트랄로피테쿠스 아파렌시스는 아파르 원인(猿人), 즉 아파르 지역에서 발견된 초기 인류 화석으로 불리고 있다. 아파르 원인은 약 370만 년 전 동아프리카에서 출현해 약 300만 년 전에 사라지기까지 약 70만 년 동안 생존했다. 키는 1.1~1.4미터, 몸무게는 30~60킬로그램, 뇌의 용적은 400시시 전후였으며 팔은 길고 다리는 짧았던 것으로 추정된다. 아파르 원위의 허벅지 뼈, 발, 발가락은 사람과 비슷한 반면 두개골은 침팬지와 비슷하다.

루시의 무릎 관절은 곧게 뻗어 있어서 루시가 직립 보행을 했음

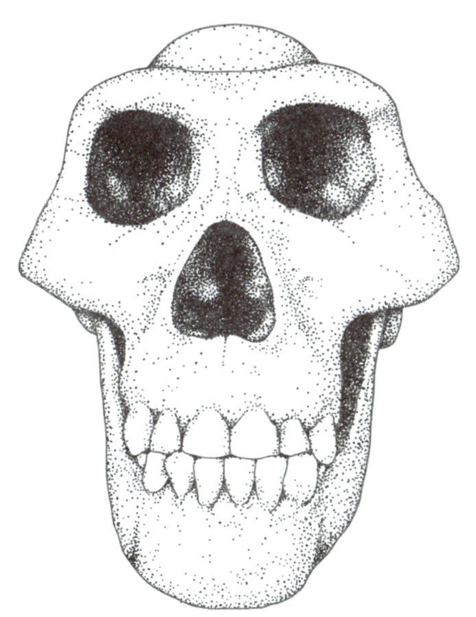

■ 오스트랄로피테쿠스 아파렌시스의 두개골.

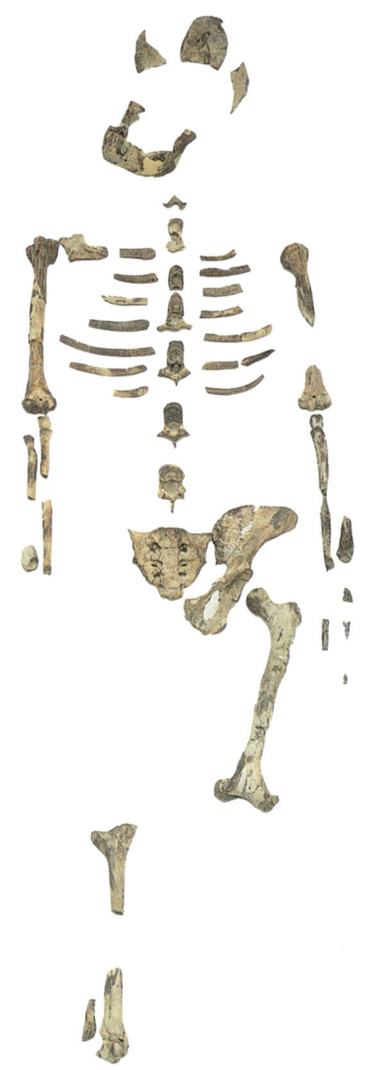

■ 세상에서 가장 유명한 여인의 화석. 오스트랄로피테쿠스 아파렌시스의 화석이다.

을 보여 준다. 또 한 가지 흥미로운 사실은 루시는 나무에 능숙히 기어올라 나무를 타고 이동하는 이동 방식을 함께 사용했다는 점이다. 즉 아파르 원인은 숲이나 그 근처에서 무리지어 살았는데, 환경 변화로 숲이 점차 줄어들자, 식량을 찾아 초원을 가로질러 이동했을 것으로 추정된다. 이들은 주로 나무열매나 식물을 먹고 살았다. 환경 변화로 인해 숲이 점점 초원으로 변했지만 이들이 멸종되지 않을 수 있었던 것은 두발로 걸을 수 있었기 때문이다. 이들은 두발로 서서 걸어 다니면서 동아프리카의 초원을 탐험했고 천적으로부터 재빨리 피할 수 있었다.

1976년 여름에 고인류학자 메리 리키(Mary Leakey)는 탄자니아 북부에 위치한 라에톨리(Laetoli) 지역에서 수많은 호미니드의 발자국 화석을 발견했다. 발자국은 약 350만 년 전에 살았던 호미니드들의 발자취로 아파르 원인의 발자국으로 추정된다. 루시는 아파르 원인의 대표적인 화석이며, 우리 인류의 직접적인 조상으로 추정된다.

1974년 발견된 루시는 그때까지 발견된 호미니드 화석 중 가장 오래됐으면서도 가장 완전한 화석이었다. 과학자들은 루시의 발견을 통해 인류의 직접적인 조상이 출현한 시기를 훨씬 더 오래전으로 끌어올릴 수 있게 됐다.

인류의 진화 계통도
호모 하이델베르겐시스
호모 사피엔스
호모 에렉투스
호모 네안데르탈렌시스
오스트랄로피테쿠스 아프리카누스
호모 하빌리스
호모 에르가스테르
오스트랄로피테쿠스 아나멘시스
호모 루돌펜시스
아르디피테쿠스
오스트랄로피테쿠스 아파렌시스
오스트랄로피테쿠스 로부스투스
오스트랄로피테쿠스 에티오피테쿠스
오스트랄로피테쿠스 보이세이

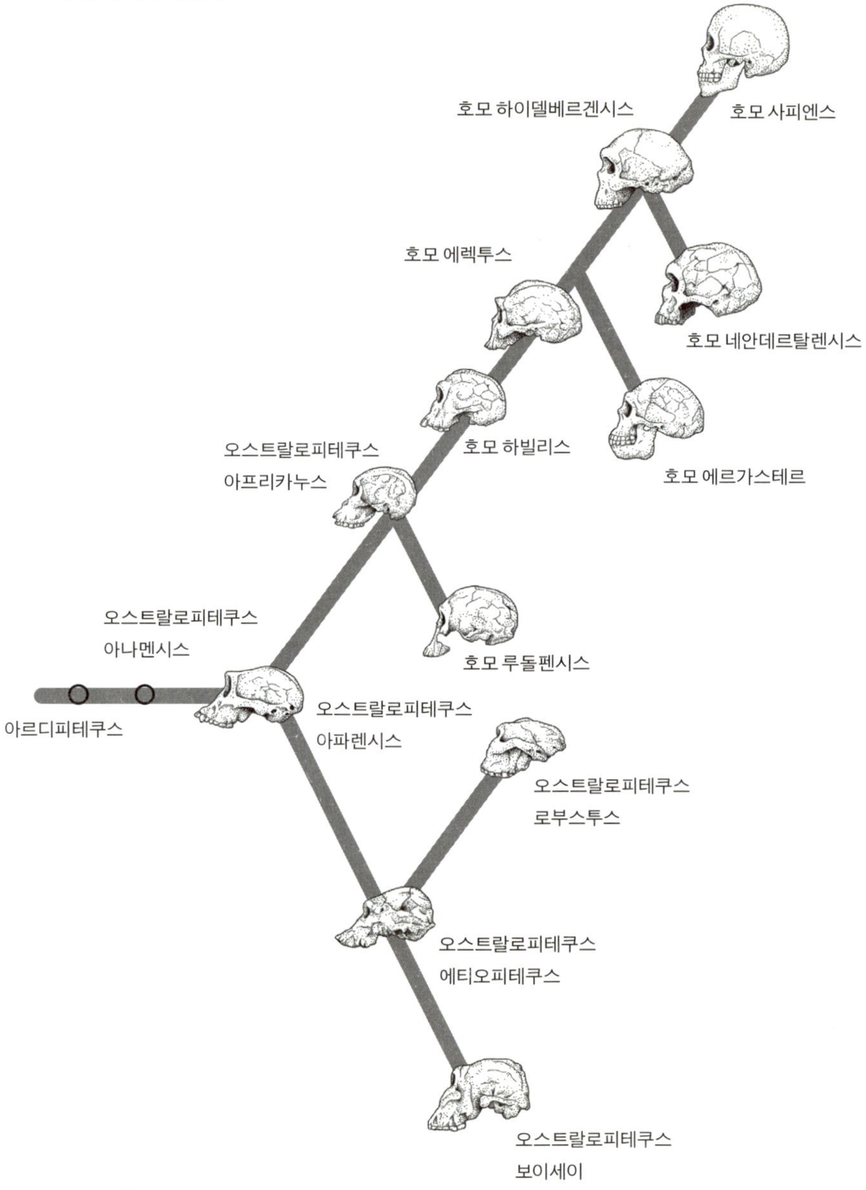

최초의 인간을 둘러싼 논쟁

36

19세기 후반 영국의 생물학자 찰스 다윈은 『종의 기원(*On the Origin of Species*)』과 『인간의 유래와 성 선택(*The Descent of Man, and Selection in Relation to Sex*)』이라는 저술을 통해 인간은 원숭이 무리에서 진화해 왔으며, 사람과 가장 가까운 침팬지와 고릴라가 아프리카에 살고 있다는 점에서 인간도 아프리카에서 탄생했을 것이라고 추정했다. 나아가 다윈은 인간이 고릴라나 침팬지 같은 유인원과 구별되는 특징은 '두발로 직립 보행을 하는 것', '대뇌의 크기가 큰 것', '도구를 제작한 것'이라고 생각했다. 과연 인간의 조상은 언제, 어디서, 어떻게 나타난 것일까?

　1924년 말에 아프리카의 타웅에서 발견된 어린아이의 두개골 화석은 여러 논란을 거쳐 오스트랄로피테쿠스 아프리카누스(*Australopithecus africanus*)로 밝혀졌다. 보통 '타웅 아이'로 불리는 이 화석이 발견되기 전까지 인류는 아시아에서 기원한 것으로 알려져 있었다. 그러나 레이먼드 다트가 오스트랄로피테쿠스 아프리카

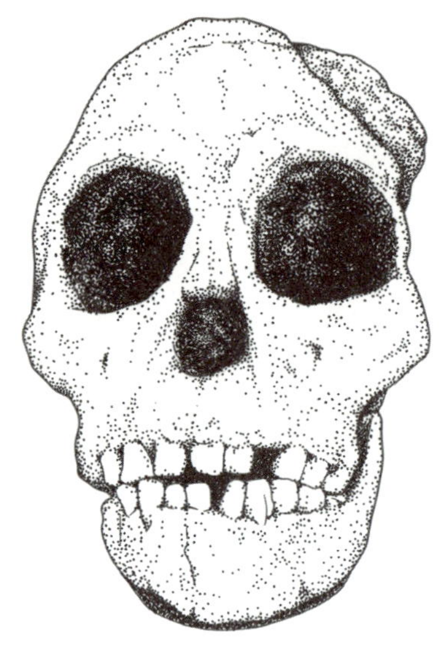

■ 투앙 아이의 두개골.

누스를 발견하고, 남아프리카 트란스발 박물관 관장인 로버트 브롬(Robert Broom)과 미국 자연사 박물관의 윌리엄 그레고리(William K. Gregory)가 다트가 발견한 타웅 아이가 인류의 조상이라고 인정하면서 인류의 기원지는 아프리카로 옮겨지게 됐다.

인류가 유인원과 갈라져 독자적으로 진화하기 시작한 것은 약 800만 년 전과 500만 년 전 사이로 추정된다. 1994년 에티오피아의 440만 년 전의 지층에서 발견된 아르디피테쿠스 라미두스(*Ardipithecus ramidus*)는 현재까지 발견된 가장 오래된 호미니드 화석이다. 오스트랄로피테쿠스는 아르디피테쿠스 라미두스와 다른 진화 경로를 선택했으며 이 진화 경로에서 마침내 루시가 탄생했다.

최근 조행슨과 함께 루시를 발굴해 낸 프랑스의 인류학자 이브 코팡(Yves Coppens)은 루시가 서서 걸었을 뿐만 아니라 나무도 잘 탔을 것이기 때문에 루시를 사람의 직접적인 조상, 즉 '최초의 인간'으로 보기에는 약간 곤란하다고 밝혔다. 그는 1995년 아프리카 케냐의 420만 년 전 지층에서 발견된 오스트랄로피테쿠스 아나멘시스(*Australopithecus anamensis*), 소위 아남 원인(猿人)이 확실한 직립 보행을 했으며 얼굴 모습도 루시보다 현대의 인간과 유사하다는 사실을 근거로 이것을 사람의 직접적인 조상으로 보아야 한다고 주장하고 있다. 그는 '이스트사이드 스토리(east-side story)'라는 가설을 통해 인류의 조상이 탄생할 무렵의 동아프리카의 환경을 다음과 같이 추정했다.

약 800만 년 전, 융기에 의해 그레이트 리프트 밸리가 형성되면서 이 산맥을 경계로 서쪽과 동쪽의 환경이 크게 바뀌었다. 대서양에서 불어오던 습한 바람은 더 이상 높게 솟은 산맥을 넘을 수 없었으며 따라서 산맥 동쪽의 강수량은 급격히 감소했다. 산맥 동쪽의 강수량이 줄고 건조해지면서 울창했던 열대 우림은 점차 초원으로 바뀌었다. 그 결과 산맥 서쪽의 열대 우림에 남게 된 유인원은 오늘날의 침팬지나 고릴라로 진화한 반면, 산맥 동쪽에 남은 유인원은 초원이라는 새로운 환경에 적응하기 위해 나무에서 내려와 두발로 걷게 됐다는 것이다.

최근 에티오피아의 250만 년 전 지층에서 발견된 오스트랄로피테쿠스 가르히(*Australopithecus garhi*)는 오스트랄로피테쿠스 아파렌시스와 비슷한 치아 형상을 가지고 있고 생존 연대가 250만 년 전이며 다리를 길게 하고 뇌를 발달시켰다는 점에서, 오스트랄로피테쿠스와 최초의 현생 인류인 호모 하빌리스(*Homo babilis*)를 연결하는 연결 고리로 여겨진다. 최초의 사람속 동물인 호모 하빌리스는 240만 년 전 빙하기가 시작하기 직전에 나타났으며 주로 동굴에 살면서 추운 기후를 이겨 냈다. 1964년 루이스 리키(Louis Leakey)는 약 180만 년 전의 지층인 탄자니아의 올두바이 계곡에서 최초로 호모 하빌리스의 화석과 석기를 발견했다. 호모 하빌리스는 도구를 사용한 최초의 인류로 석기를 이용해 죽은 동물의 살점이나 가죽을 자를 수 있었다.

약 160만 년 전에 호모 하빌리스는 호모 에렉투스(*Homo erectus*)로 진화해 나가게 됐다. 호모 에렉투스는 1891년 네덜란드의 해부학자 외젠 뒤부아(Eugéne. Dubois)가 자바 섬에서 최초로 발견했다. 1984년 케냐의 160만 년 전 지층에서는 완전한 형태의 호모 에렉투스 소년의 골격이 발견됐다. '투르카나 소년'으로 불리는 이 골격 화석을 통해 과학자들은 호모 에렉투스가 똑바로 서서 걸을 수 있었고, 현대인과 비슷한 신체 구조를 지니고 있었음을 알 수 있었다. 호모 에렉투스는 사냥을 하기 위해 도구를 사용했고, 간단한 말을 할 수 있었으며, 불을 사용한 최초의 인류이다. 이 시기에 아프리카는 유럽 및 아시아와 연결되어 있어서 호모 에렉투스는 아프리카를 벗어나 중동 지방과 유럽 그리고 아시아의 여러 지역에서 살았다. 이들은 발견되는 지역 이름을 따서 베이징 원인, 자바 원인 등으로 불린다. 호모 에렉투스는 약 30만 년 전에 멸종한 것으로 알려져 있지만 최근 2만 7000년 전의 것으로 추정되는 호모 에렉투스 화석이 자바 섬에서 발견되어 주목받고 있다.

지난 수십 년간의 연구를 통해 이제 우리는 인류의 기원과 진화에 대해 많은 것을 알게 됐다. 그러나 여전히 많은 부분이 베일에 가려진 채로 남아 있다. 현재 인류의 직접적인 조상은 오스트랄로피테쿠스 아나멘시스이고 현생 인류인 사람속은 호모 하빌리스에서 기원했다고 보고 있지만, 이것은 하나의 가설일 뿐이다. 게다가 모든 과학자들이 이 가설을 지지하는 것도 아니다. 아직 많은 논란과 혼란이 있다. 그러나 새로운 인류 화석을 발굴하기 위한 꾸준한 노력과 연구를 통해 우리는 인류의 기원에 조금 더 가까이 다가갈 수 있을 것이다.

■ 호모 하빌리스의 두개골.

네안데르탈인 멸망의 수수께끼 37

네안데르탈인, 즉 호모 네안데르탈렌시스(*Homo neanderthalensis*)의 화석은 1848년 지브롤터에서 처음 발견되었다. 이들은 약 10만 년 전과 3만 년 전 사이에 유럽과 중동 지방에 살았던 인류이다. 그로부터 20년 뒤인 1868년 프랑스 중부 도르도뉴 지방의 크로마뇽 지역에서 발견된 크로마뇽인(Cro-Magnon Man) 화석은 약 4만 년 전부터 유럽에서 살았던 호모 사피엔스(*Homo sapiens*)의 것이다.

네안데르탈인이라는 이름은 1856년 독일 뒤셀도르프의 네안데르 골짜기에서 요한 플로트(Johann C. Fuhlrott)가 발견한 두개골 화석에 1864년 영국의 해부학자이자 지질학자인 윌리엄 킹(William King)이 호모 네안데르탈렌시스라고 이름 지으면서 널리 알려졌다. 한때는 호모 사피엔스의 아종 중 하나로 여겨진 적도 있지만 최근엔 독립된 종으로 여겨지고 있다.

네안데르탈인은 튼튼한 골격과 강인한 근육, 땅딸막한 체구와 짧은 다리를 지녔으며, 현대인보다 더 커다란 두뇌를 가졌다. 코는 넓고, 턱은 튀어나와 있었으며, 눈두덩은 돌출되어 있었다. 이 같은 특징들은 추운 빙하기에 적응한 결과로 보인다. 이들은 주로 동굴에서 생활하면서 마지막 빙하기의 추운 기후를 이겨 냈다. 또한 도구와 불을 사용했으며 시체를 매장하는 풍습을 갖고 있었다. 원시적인 형태의 종교를 갖고 있었던 것으로 보이며 가족 단위로 집단을 이루며 살았을 것으로 추정된다. 네안데르탈인은 약 10만 년 전에 출현해 유럽과 중동 지방에서 살다가, 중동 지방에서는 4만 5000년 전, 프랑스에서는 3만 8000년 전 그리고 이베리아 반도에서는 3만 년 전에 사라졌다.

현대인인 호모 사피엔스는 약 20만 년 전에 아프리카에서 출현

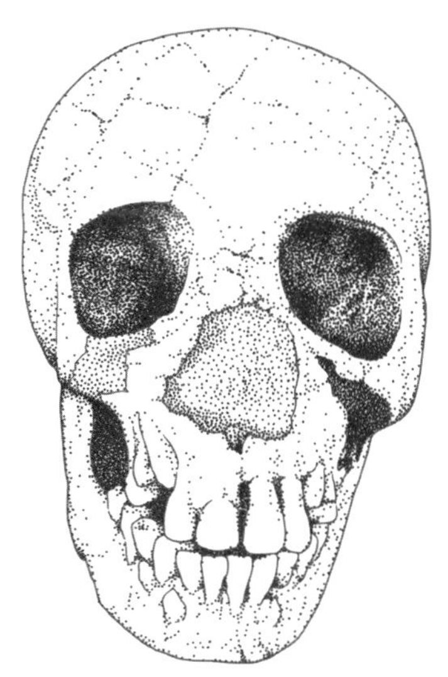

■ 네안데르탈인의 두개골.

했으며 약 8만 년 전에 아프리카를 떠나 전 세계로 퍼져 나갔다. 이 중 어떤 무리는 서남아시아의 해안을 따라 동남아시아 및 오스트 레일리아로 이주했으며 다른 무리들은 베링 해협을 건너 북아메리 카에 도달했다. 약 4만 년 전에는 유럽에 도착했는데 이들은 기술 을 발달시켜 크로마뇽 문화를 이룩했다.

크로마뇽인이 유럽에 도착한 것은 약 4만 년 전의 일이며 한동 안 네안데르탈인과 공존했을 것으로 추정된다. 그러나 약 3만 년 전 네안데르탈인은 갑작스럽게 지구상에서 사라져 버렸다. 크로마 뇽인과 네안데르탈인 사이에 무슨 일이 일어난 것일까?

이 문제를 풀기 위해 네안데르탈인의 멸종 원인에 대한 많은 가 설들이 제기됐다. 그중 한 가지는 유럽 대륙에 먼저 정착해 살던 네 안데르탈인이 크로마뇽인에 의해 몰살된 뒤 크로마뇽인으로 대 체됐다는 주장이다. 이것을 대체론이라고 한다. 다른 가설로는 네 안데르탈인과 크로마뇽인 사이의 짝짓기를 통해 호모 사피엔스가 출현했고 네안데르탈인은 자연스럽게 사라졌다는 것이다. 이것을 연속론이라고 한다. 이 경우 짝짓기는 서로 다른 종 간의 교배이기 때문에 이종 교배가 된다. 연속론에 따르면 오늘날의 유럽 인들의 몸속에 네안데르탈인의 유전자가 남아 있다.

네안데르탈인과 크로마뇽인 사이의 논란의 핵심은 네안데르탈 인이 호모 사피엔스의 조상이냐, 아니면 호모 사피엔스와는 다른 줄기로 갈라져 나간 사촌이냐 하는 것이다. 대체론은 네안데르탈 인은 오늘날의 유럽인과 아무 관련이 없다는 주장으로 유럽의 많

■ 네안데르탈인의 전신 복원 화석.

은 학자들이 지지하고 있지만, 현대인보다 더 커다란 두뇌, 튼튼한 골격 그리고 강인한 근육을 가진 네안데르탈인이 크로마뇽인에게 쉽게 멸종당한 이유를 설명하지 못하고 있다.

어떤 과학자는 네안데르탈인은 온순한 반면 크로마뇽인은 공격적이고 파괴적이었기 때문이라고도 해석하지만, 아프리카 탄자니아의 열대 우림에서 40년간 침팬지를 연구한 제인 구달(Jane M. Goodall) 박사가 침팬지의 공격성을 관찰한 이후로는 네안데르탈인만을 특별히 온순하다고 간주하는 주장들은 설득력을 잃고 있다.

2001년에는 미국 뉴멕시코 대학교의 웨슬리 니웨너(Wesley A. Niewoehner) 연구팀이 네안데르탈인과 크로마뇽인의 손뼈를 비교한 연구 결과를 발표했다. 이 연구에 따르면 네안데르탈인의 손은 크로마뇽인의 손보다 더 단단하고 근육 조직도 더 발달해 있는데, 이것 때문에 크로마뇽인의 손뼈가 관절염에 시달릴 위험이 상대적으로 적으며 도구를 이용한 정교한 작업에도 유리해 결과적으로 네안데르탈인보다 생존에 더 유리했다는 것이다. 이로 인해 크로마뇽인은 복잡한 사회적 활동이 가능했고, 빙하기 등 위기가 닥쳤을 때 네안데르탈인이 선택한 것처럼 따뜻한 지역으로 피신하지 않고, 적극적인 사회 활동을 통해 극한 상황에 적응하는 방법을 찾아나갔다. 결국 네안데르탈인은 크로마뇽인으로 생태학적으로 교체됐다는 것이다.

이처럼 네안데르탈인과 크로마뇽인의 관계에 대해서는 다양한 학설이 난립한다. 이러한 혼란은 소설가들로 하여금 네안데르탈인

을 난폭하게 그리고 크로마뇽인을 온순하게 표현하게 하거나, 네안
데르탈인을 착하게 그리고 크로마뇽인을 공격적으로 표현하게 만
들고 있다. 분명 진실은 앞의 두 모형 사이 어딘가에 놓여 있을 것
이며 아마도 가까운 미래에 밝혀질 것이다.

사기꾼의 화석

38

지질 시대에 살았던 생물의 유해나 흔적을 본떠서 인위적으로 화석을 만든 경우가 있다. 이렇게 만들어진 표본은 의도적으로 만든 거짓 화석인 셈이다. 거짓 화석은 돌을 조각해 만들거나, 진짜 화석의 여러 부분을 조합해 새로운 종류를 만들어 내기도 한다. 최근에는 컴퓨터 프로그램 등을 이용해 거짓 화석 사진을 만들어 내기도 한다.

베링거의 거짓 화석

1725년 5월 독일 비르츠부르크 대학교의 요한 베링거(Johann Beringer) 교수는 인근에 있는 산의 암석을 조사하기 위해 3명의 소년들을 고용했다. 그러나 이 소년들은 베링거 교수를 시기하던 동료 교수들에게 이미 매수된 상태였다. 동료 교수들은 소년들에게 자신들이 조각한 거짓 화석을 산에서 발견된 것처럼 해 베링거 교수에게 가져다주도록 했다. 이 거짓 화석들은 장장 1년 동안 베링거 교수에게 전달됐으며, 마침내 1726년 베링거 교수는 자신이 채집한 진짜 화석과 소년들이 건네준 거짓 화석에 대한 연구 결과를 책으로 출판했다. 그의 표본 중에는 태양, 달, 행성 등의 모양을 한 거짓 화석이 포함되어 있었다. 그러나 책이 출간된 직후 베링거 교수는 자신의 이름이 새겨진 거짓 화석을 화석 발굴 현장에서 발견하게 됐으며, 마침내 지금까지 자신이 속아 왔음을 깨닫게 됐다. 굴욕감에 빠진 그는 자신을 속인 두 명의 교수에게 법의 심판을 받세 했으며, 발행된 책을 회수하면서 여생을 보냈다고 한다.

조각된 카디프의 거인

뉴욕 쿠퍼타운의 농부 박물관에는 카디프에서 발견된 거짓 거인 화석이 전시되어 있다. 이 거인은 키가 약 3미터고 발의 길이가 53센티미터에 달하는 것으로, 1869년에 발견된 것이다. 전문가들은 이 거인 화석이 진짜 화석이 아니라 조각된 것임을 쉽게 알아차렸다. 그러나 일반 사람들은 이 거인이 성경에 나오는 골리앗과 같은 큰 거인으로, 과거에 거인들이 생존했다는 증거로 받아들였고 진짜 화석으로 믿었다. 이 거짓 화석은 1867년 혹은 1868년에 석고에 조각된 것으로 여겨지며, 사기극에는 담배 제조업자인 조지 헐(George Hull)과 카디프 농장의 소유주인 스터브 뉴웰(Stubb Newell)이 관련되어 있었다.

필트다운인

　20세기에 가장 유명한 화석 사기극 중 하나는 잉글랜드 서섹스 필트다운 지방에서 발견된 필트다운인(Piltdown Man)이다. 1908년과 1915년 사이에 필트다운 지방에서 몇 개의 두개골 조각과 부러진 턱뼈가 발견됐다. 당시의 학자들은 이 뼈들이 인류의 두개골과 유인원의 턱을 갖는 원시 인류의 것이라고 판단하고, 유인원과 인류 사이의 중간 단계에 해당하는 표본이 발견된 것이라고 여겼다. 따라서 이 뼈들은 유인원에서 인류로 진화할 때 두개골이 먼저 발달한 다음 다른 특징들이 발달했을 것이라는, 당시 학자들의 추측을 증명하는 증거로 이용됐다. 거의 40년 동안, 필트다운인은 수많은 논문과 과학책에 유인원에서 인류의 진화 과정 중에 나타난 한 단계로 소개됐다.

　그러나 필트다운인이 발견된 이후 발견된 원시 인류의 화석들은 원시적인 두개골(작은 뇌)과 현대인의 대퇴골(직립 보행)을 가진 원시 인류에서, 점차적으로 두개골의 크기가 증가하는 인류로 진화하는 양상을 보여 주고 있었다. 즉 유인원에서 인류로 진화할 때, 직립의 특징이 먼저 나타난 후에 뇌의 크기가 증가한 것이다. 마침내, 1953년에 학자들은 필트다운인의 뼈들을 주의 깊게 조사했고 탄소를 이용한 방사성 동위 원소법으로 뼈가 형성된 시기를 측정했다. 그 결과 턱뼈는 500년 전 아시아에 살았던 오랑우탄의 것이고, 두개골은 1230년대 영국 여인의 것으로 밝혀졌다. 필트다운인은 완전히

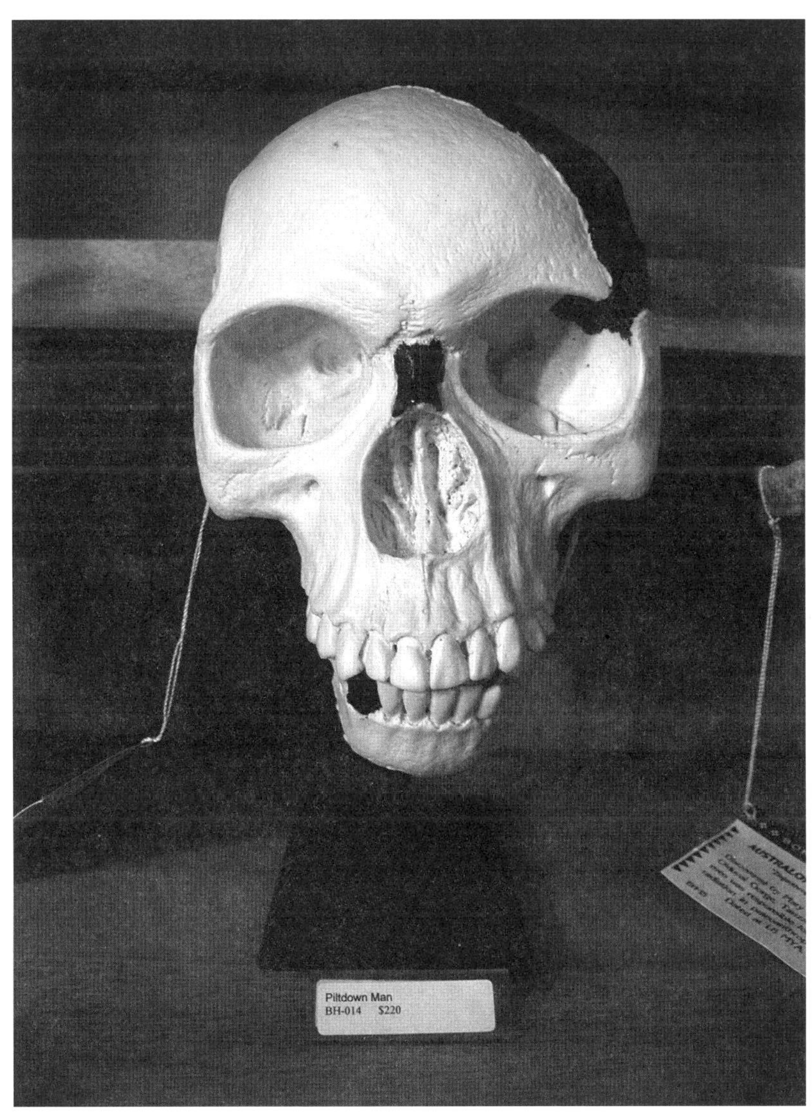

■ 필트다운인 화석 모형.

조작된 것이었다. 그러나 누가 이러한 사기극을 벌였는지는 아직까지 밝혀지지 않고 있다.

깃털을 가진 공룡

아르카이오랍토르 랴오닝엔시스(*Archaeoraptor lianoingenesis*)는 최근에 일어난 가장 유명한 과학 사기극의 주인공이다. 미국 유타 주의 작은 박물관에서 근무하는 체카스(S. Czerkas)는 1999년 애리조나 주 투손에서 열린 보석·광물 전시회에서 주둥이와 상체는 원시 새의 것이고 꼬리는 육식 공룡의 것으로 된 화석을 8만 달러에 사들였다. 이 화석은 1997년 중국 랴오둥 성에서 발견된 뒤, 중국에서 미국으로 불법으로 반출된 것이었다.

화석에 대한 연구가 진행되면서 원시 새에 공룡의 꼬리를 결합한 거짓 화석일 가능성이 제기됐지만, 보다 자세한 검증 없이 체카스는 이 화석을 아르카이오랍토르 랴오닝엔시스로 명명해 1999년 11월호《내셔널 지오그래픽》에 소개하고 말았다. 그러나 얼마 후 같은 장소에서 몸통과 꼬리가 연결된 동일한 육식 공룡 화석이 발견되면서 이 사기극은 막을 내리게 됐다.

사실 이 같은 사기극이 가능했던 것은 아르카이오랍토르 화석에 대한 연구가 전문가에 의해 검증을 받아 전문 학술지에 그 내용이 게재되는 과학적 절차가 생략됐기 때문이다. 만일 화석에 대해 좀 더 충분히 연구하고, 그 뒤 연구 결과를 전문 학술지에 게재하

는 과학적인 절차가 이루어졌다면 충분히 예방할 수 있었던 사건
이었다.

디지털 시대의 거짓 화석

과학의 발달로 인해 정교하게 조작된 화석의 진위 여부를 보다
정확하게 확인할 수 있게 됐지만, 다른 한편으로는 컴퓨터와 그래
픽 프로그램의 발달로 인해 더욱 정교한 가짜 화석 사진이 만들어
지기도 한다. 최근에, 살아 있는 화석 실러캔스와 관련된 한 예가 있
다. 그동안 실러캔스는 인도양 서편에서만 관찰됐으며, 인도네시아
해안에 실러캔스가 서식하고 있다는 것이 발표된 것은 1998년이다.

최근, 3명의 프랑스 학자들은 그들이 이미 1995년에 인도네시아
해안에서 실러캔스를 발견했으며 따라서 그들이 인도네시아 해안
에서 실러캔스를 발견한 최초의 학자들이라고 주장했다. 이들은
인도네시아 해안에서 실러캔스를 발견했을 때, 실러캔스의 사진을
찍었지만 사진을 분실했으며 또한 잡힌 실러캔스를 보관한 박물관
과도 연락이 끊겼기 때문에 그동안 학계에 알리지 못했다고 주장
했다. 그들의 말대로라면, 그들의 주장을 뒷받침할 만한 증거들이
모두 사라진 셈이다. 최근에 그들은 실러캔스를 발견할 당시 찍은
사진을 되찾았다며, 사진을 보내왔다. 그러나 그들이 보내온 사진
은 놀랄 만한 것이었다. 그들이 보내온 사진은 여러 마리의 물고기
들 사이에 실러캔스가 놓여 있는 것이었다. 그러나 사진 속의 실러

캔스는 1998년 인도네시아에서 잡힌 실러캔스와 100퍼센트 동일한 것이었다. 컴퓨터, 스캐너 그리고 그래픽 프로그램을 이용해 교묘히 합성해 놓은 것이었다. 조작된 사진이 아니냐는 과학자들의 질문에, 프랑스 학자들은 "이렇게 똑같을 수가."만 연발하고 있다. 그러나 아무도 그 말을 믿지 않는다.

화석을 이용한 사기극은 아마도 화석의 발견과 더불어 여러 가지 의도를 가지고 시작됐을 것이다. 그러나 이러한 조작 행위는 인류의 과학 활동에 큰 장애를 일으킨다. 인류의 과학 활동이 이러한 속임수로부터 자유로워지기를 간절히 기원해 본다.

이브의 갈비뼈를 찾아서 39

현대인인 호모 사피엔스는 분류학상 영장목(Order Primates) 사람과 (Family Hominidae) 사람속(Genus *Homo*)에 속하며, 지구에 현존하는 유일한 사람속 동물이다. 그렇다면 과연 현대인의 조상은 언제, 어느 곳에서 기원한 것일까? 최근의 DNA 분석 자료가 알려주는 현대인의 기원과 진화를 알아보자.

오늘날 지구상에는 다양한 인종이 존재한다. 이들은 피부색, 혈액형, 모발 등의 생물학적 특징을 기준으로 일차적으로 유색인(有色人)과 백인(白人)으로 구분되며, 유색인은 황색인(몽골로이드)과 흑인(니그로이드)으로 세분된다. 황색인은 주로 인도에서 동아시아 대륙, 태평양 제도 및 아메리카 대륙에 분포하며, 황갈색의 피부색과 검은색의 머리털, 검은 눈 그리고 어린 시기에 둔부에 몽고 반점이 나타나는 특징이 있다. 흑인은 주로 사하라 사막 남쪽의 아프리카에 분포하며, 암갈색 또는 흑색의 피부와 눈동자 그리고 가로로 퍼진 납작한 코와 두꺼운 입술을 갖는다. 백인은 흔히 코카소이드로 불리며 주로 유럽, 북아메리카, 서아시아에 분포한다. 이들은 밝은 피부색과 금발·갈색의 머리털 그리고 회색·청색·녹색의 눈동자를 가지며, 매우 좁고 높은 코와 엷은 입술을 갖는다. 그렇다면 이처럼 생물학적 특징이 뚜렷한 황색인, 흑인, 백인의 뿌리는 하나일까? 아니면 이들은 각기 다른 조상으로부터 제각기 진화해 오늘에 이른 것일까?

다지역 기원설은 현생 인류가 여러 지역에서 동시 다발적으로 발생해 진화해 왔다는 설로, 1970년대 이후 아프리카와 아시아 지역에서 다양한 인류 화석이 발견되면서 제기됐다. 즉 약 200만 년 전 호모 에렉투스가 최초로 아프리카를 떠나 각 대륙에 정착해 산 뒤 각 대륙에서는 독자적으로 인류가 진화해 왔다는 것으로, 미국 미시건 대학교의 밀러드 울포프(Milford H. Wolpoff)가 강하게 지지하고 있다. 이 같은 주장은 지구상의 다양한 인종적 특징은 현생 인류가 나타나기 이전에 형성됐음을 의미한다.

단일 지역 기원설(아프리카 기원설)은 현생 인류가 한 지역에서 발생해 여러 지역으로 퍼져나갔다는 설로, 지구상의 인종적 특징은 현생 인류가 나타난 이후에 지역에 따라 진화해 형성됐다고 주장한다. 1987년 생화학자 앨런 윌슨(Allan C. Wilson)은 미토콘드리아 유전자(mtDNA)를 이용한 흥미로운 연구 결과를 발표했다. 그는 각 대륙을 대표하는 147명의 여성들로부터 미토콘드리아 유전자를 추출한 뒤, 어느 지역에서 온 여성의 미토콘드리아 유전자가 가장 돌연변이가 심한지 조사했다.

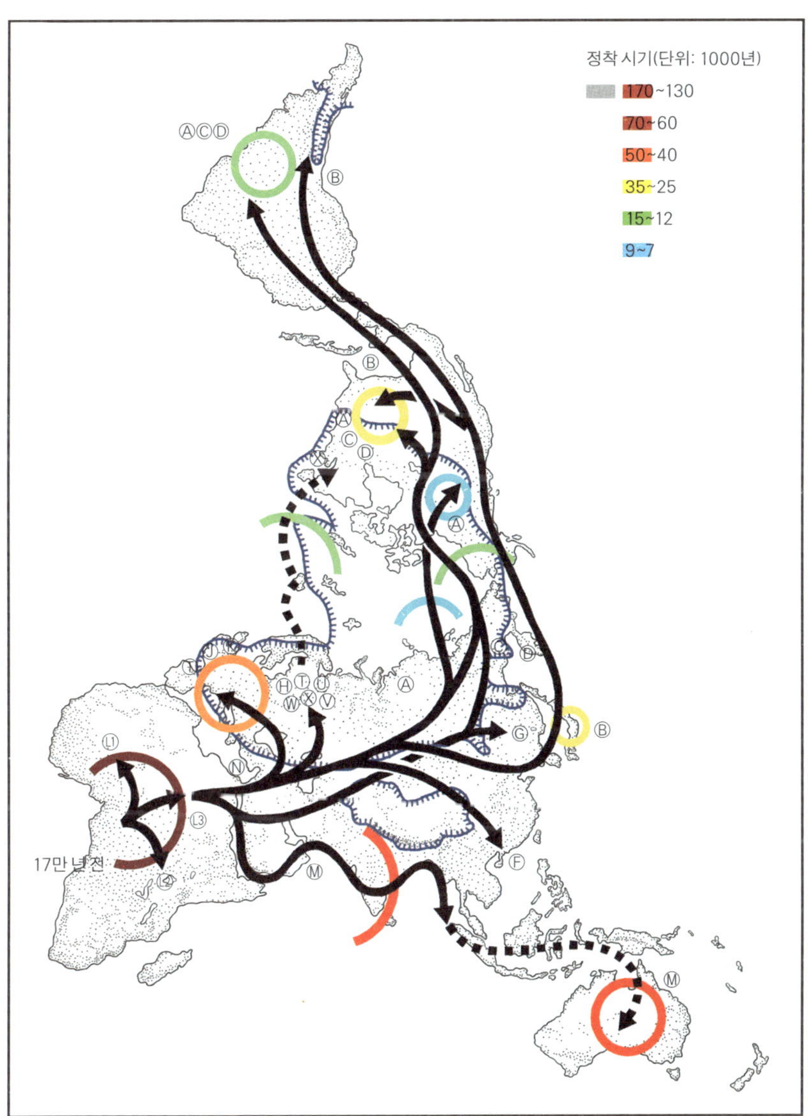

■ 미토콘드리아 DNA(mDNA) 연구를 통해 밝혀낸 인류 이동의 지도. 군청색의 선은 최후 빙하기 동안에 빙하 또는 툰드라로 덮여 있던 지역을 나타낸다. 알파벳은 동일 조상의 mDNA를 갖는 그룹을 나타낸다. 예를 들어, 아프리카 인은 L, L1, L2, L3이며, 동유럽 인은 J, N, 남유럽 인은 J, K, 일반적인 유럽 인은 H, V, 북유럽 인은 T, U, X, 아시아 인은 A, B, C, D, E, F, G(M은 C, D, E와 G로 구성된다.), 북아메리카 원주민은 A, B, C, D, 그리고 이따금 X로 이루어진다.

미토콘드리아 유전자는 핵 유전자보다 돌연변이가 10배 정도 더 빠르게 일어나며 모계를 통해서만 유전되기 때문에, 미토콘드리아 유전자를 이용하면 보다 정확하게 현생 인류의 기원을 밝혀낼 수 있다. 미토콘드리아의 돌연변이가 가장 심하다는 것은 유전적으로 가장 오래됐음을 의미한다.

연구 결과 아프리카의 사하라 사막 이남 지역의 여성으로부터 얻은 미토콘드리아 유전자가 가장 오래된 것으로 밝혀졌으며, 이것은 현생 인류가 아프리카에서 발생해 여러 지역으로 퍼져 나갔음을 의미한다. 즉 약 20만 년 전 아프리카에 인구 1만 명 정도의 집단이 탄생했으며, 7만~8만 년 전에 이 집단 중 일부가 아프리카를 떠났다고 여겨진다. 이들 중 일부는 인도양과 중동 그리고 동남아시아를 거쳐 오스트레일리아에 도달했으며, 북쪽으로 향한 일부는 베링 해협을 건너 약 1만 년 전에는 북아메리카에 도달했다. 또 다른 일부는 아프리카를 떠나 북쪽으로 진출해 약 5만~3만 년 전에는 유럽에 도착했다.

1997년 미국과 에티오피아의 공동 연구팀은 에티오피아 동부 헤르토 마을 근처 계곡에서 약 16만 년 전의 것으로 추정되는 호모 사피엔스의 가장 오래된 유골을 발견했다고 발표했다. 그 지역 말로 조상을 뜻하는 idaltu를 붙여 호모 사피엔스 이달투(*Homo sapiens idaltu*)라고 명명된 이 유골은, 튀어나온 이마, 편평한 얼굴, 좁은 미간 등 현생 인류의 특징을 두루 지녔으며, 현생 인류의 아프리카 기원설을 뒷받침하는 강력한 증거로 여겨진다. 최근 부계를 통해서만 유전되는 Y 염색체의 DNA 변이 조사와 성별에 관계없이 부모로부터 자식에게 유전되는 상염색체에 포함되어 있는 DNA의 정보를 비교·분석한 결과도 현대인이 아프리카에서 출현했다는 가설을 지지하고 있다.

현대인은 약 20만 년 전 아프리카에서 출현한 한 집단이 전 세계적으로 퍼져 나가 각 지역의 기후와 환경에 적응한 결과 다양한 인종적 특징을 지니게 된 것으로 여겨진다. 인종에 따라 피부색과 생김새는 다르지만 결국 인류는 모두 한 집안이다.

외계 생명은 있는가?

40

태양계, 더 나아가 우주에서 생명체가 존재하는 곳은 지구뿐일까? 과거 또는 현재 지구 이외의 어떤 행성에 생명체가 존재하는지에 대한 논란은 지금도 계속되고 있다. 외계에 존재하는 생명체에 대한 최신 연구 결과를 알아보도록 하자.

2004년 1월 23일 유럽 우주국(ESA)은 화성 궤도 탐사선 마스 익스프레스가 적외선 감지 카메라로 화성 표면을 촬영한 영상 자료를 분석한 결과 남위 60도 지역의 지하 90센티미터에서 결빙된 얼음을 찾아냈다고 발표했다. 결빙된 얼음의 양은 어마어마해서, 이 얼음이 모두 녹을 경우 약 500미터 높이로 물이 덮일 정도라고 한다. 결빙된 얼음은 고체 상태로, 언 이산화탄소와 섞여 있는 것으로 나타났다. 유럽 우주국은 얼음 이외에 선명하게 찍은 협곡 사진도 공개했는데, 협곡의 존재는 과거에 화성에 물이 흘렀음을 의미하는 것이다. 이 같은 내용은 지난 2002년 3월 미국 항공 우주국(NASA)의 화성 궤도 탐사선 마스 오디세이가 화성에 얼음이 있음을 암시한 관측 결과를 뒷받침하는 것이다. 즉 유럽 우주국의 조사는 직접 물 분자(H_2O)의 존재를 확인한 것으로, 물 분자를 구성하는 원소 중 하나인 수소가 화성의 남극과 북극 표면 근처에서 검출됐음을 발표한 미국 항공 우주국의 간접적인 관측을 개선·보충한 것이다.

화성 탐사 활동은 1960년대 초반 (구)소련 주도로 시작되어 지금까지 30여 차례 시도됐다. 화성에 대한 최초의 자료는 1964년 11월 28일 미국이 발사한 매리너 4호가 1965년 7월 14일에 최초로 화성 근접 통과에 성공하면서 전송한 21장의 화성 사진이다. 화성 표면을 촬영한 이 사진에는 약 50억 년 전에 원시 화성이 형성될 때 화성이 운석과 충돌한 크레이터만 찍혔고, 대기 중의 오존층도 아주 적은 것으로 확인되어 화성에 생명체가 존재할 가능성은 희박한 것으로 여겨졌다.

그 후 다수의 화성 궤도 탐사 및 착륙선들이 발사됐는데, 1996년 발사된 마스 글로벌 서베이어는 물이 흘러 파인 듯한 계곡을 잇달아 발견하면서 화성에서 물이 존재할 가능성을 열어 두었다. 최근의 화성 탐사선들은 보다 생생한 화성 표면 사진 및 암석과 토양을 분석한 자세한 자료를 보내오고 있다. 미국 항공 우주국에 의해 발사되어 1997년과 2004년에 화성에 착륙한 패스파인더, 스피릿 그리고 오퍼튜니티가 보내온 자료를 분석한 결과 물과 관련되어 형성될 수 있는 광물의 존재를 확인했다고 한다.

화성은 태양을 공전하는 네 번째 행성으로, 반지름이 3390킬로미터, 중력은 지구의 0.38배로, 4계절이 있으며, 붉은 빛을 띠고 있다. 표면 온도는 적도 지방은 7도, 극지방은 영하 68도, 전체 표면의 평균값은 영하 23도이고, 대기는 주로 95퍼센트 이상의 이산화탄소로 이루어져 있고 부분적으로 질소와 아르곤 등을 포함한다. 또한 얼음도 있다. 그리스 신화에 나오는 전쟁의 신 마르스의 아들인 포보스와 데이모스의 이름을 딴 2개의 위성이 있다. 화성의 대기는 매우 옅어서 지구 대기 밀도의 1퍼센트밖에 되지 않는다. 그렇지만 화성에서는 때때로 엄청난 먼지 폭풍이 일어나며 이로 인해 화성의 색깔이 변한다.

우주 생물학(exbiology 또는 astrobiology)은 지구와 외계에 존재하는 생명체에 관해 연구하는 학문이다. 1997년 미국 항공 우주국은 이를 위해 항공 우주국 우주 생물학 연구소(NAI, NASA Astrobiology Institute)를 설립했다. 생명이란 스스로를 유지시킬 수 있고 자기 자신을 복제할 수 있는 질서 있는 계(系)로, 생명과 물의 관계는 필수 불가결한 것으로 여겨진다. 따라서 과학자들은 우주에 존재하는 생명체에 관해 조사할 때 가장 먼저 물의 존재 여부를 탐색하며, 외계 천체에서 물 또는 얼음이 발견됐다는 것은 그 천체에 생명체가 존재함을 또는 과거에 존재했음을 알려주는 증거로 여겨진다.

관찰된 화성의 협곡은 한때 화성이 온난했으며 물이 흘렀음을 짐작케 한다. 즉 화성 표면 온도가 섭씨 0도 이상의 시기가 있었음을 의미한다. 더불어 이 무렵에는 생명도 활동하고 있었을 것이다. 그리고 오늘날까지 화성에 생명이 또는 그 흔적이 남아 있을 것으로 기대된다.

화성과 더불어 태양계에서 생명이 존재할 가능성이 가장 높은 곳으로 여겨지는 곳은 목성의 위성인 유로파이다. 유로파는 반지름이 1560킬로미터로 약 85시간의 주기로 목성을 공전하고 있다. 아리조나 주립 대학교의 리처드 그린버그(Richard Greeberg) 교수와 연구진은 우주 탐사선 갈릴레오가 보내온 자료를 분석한 결과 유로파는 약 150킬로미터 두께의 얼음 지각으로 덮여 있는데, 이 지각에는 큰 균열과 열(熱) 분출 구가 나 있어서, 그 틈으로 가스나 열, 유기물이 통과해 지각 밑에 있는 바다에 도달할 수 있을 것으로 추측했다. 그들은 이 지하 바다에서 생명이 탄생했을 것으로 추정하고 있다. 목성의 또 다른 위성 칼리스토도 얼음 지각층 아래에 액체 형태의 물을 갖고 있을 것으로 추정되며 따라서 생명도 존재할 것으로 추정된다.

『코스모스(Cosmos)』의 저자 칼 세이건(Carl E. Sagan)은 태양과 같은 별들이 약 2000억 개 모여서 우리 은하(은하수)를 이루며, 이 안에는 약 100만 개의 '기술 문명'이 존재할 것이라고 추정하기도 했다. 이 같은 사실은 우주에는 지구와 같은 환경과 조건을 가진 행성이 수없이 많이 존재할 수 있음을 의미한다. 과학자들은 외계 지적 생명체 탐사(Search for Extraterrestrial Intelligence, SETI) 계획을 수행하고 있다. 이 계획에 따라 외계의 전파 신호를 분석해 지적 생명체의 존재를 확인하거나, 전파 망원경을 이용해 외계로 전파를 방출해 인류의 존재를 외계에 알리고 있다. 또한 망원경에 전조등을 탑재한 우주선과 소함대의 발사 계획도 수립했다. 이 같은 노력의 결과로 조만

■ 최근에 작동이 멈춘 것으로 보고된 화성 탐사 로봇 스피릿.

간 지구와 유사한 환경의 행성과 외계 생명체 또는 그 화석을 발견
할 수 있을 것으로 보인다.

현대는 제6의 멸종 시대?

약 46억 년 전 원시 지구가 탄생한 이후 현재에 이르기까지 생명계의 변천 과정을 살펴보면 지구상에는 다양한 생물들이 살았었음을 알 수 있다. 이중 대부분의 생물들은 오늘날 존재하지 않으며, 다만 화석을 통해 그 발자취만을 확인할 수 있을 뿐이다. 먼 옛날 지구상에 살았던 생물들에게 어떤 일이 일어난 것일까?

약 5억 4200만 년 전, 대기 중 산소량이 현재의 10퍼센트 수준에 도달하면서 지구에는 골격을 갖는 생명체들이 출현하기 시작했다. 그러나 오르도비스기 말(약 4억 4300만 년 전)에 이르러 캄브리아기 이후 번성했던 해양 생물 중 속 수준에서 57퍼센트가 사라졌다. 이때 심한 타격을 받은 생물들로는 삼엽충, 원시 극피동물, 완족동물, 벌집산호, 사슬산호 등이 있다. 생물의 멸종은 200만 년에 걸쳐 일어났으며, 멸종의 원인은 빙하기의 도래로 여겨진다. 당시의 대륙과 해양의 분포를 살펴보면 남극 주변에 많은 대륙들이 모여 있었던 것을 알 수 있는데, 빙하기가 시작되면서 해수면이 내려가 얕은 해저가 노출됐고, 많은 생물들이 멸종하게 됐다.

빙하의 확장과 수축은 지구 자전축의 기울기, 공전 궤도의 변화, 세차 운동과 밀접한 관련이 있다. 지구 자전축의 기울기는 4만 1000년을 주기로 21.5도와 24.5도 사이에서 변하는데 자전축의 기울기가 크면 극지방에 태양 에너지가 많이 공급되므로 빙하가 녹아 빙하가 수축되는 환경이 조성된다. 지구 공전 궤도의 변화, 즉 이심률은 약 10만 년을 주기로 공전 궤도가 타원형에서 원형으로 변화한다. 일반적으로 공전 궤도가 원형일 때 빙하가 잘 형성되지 않는 것으로 알려져 있다. 세차 운동은 약 2만 1000년을 주기로 북반구가 겨울철에 더 태양에 가까워지거나 또는 여름철에 더 태양에 가까워지는 현상이다. 일반적으로 북반구가 여름일 때 지구가 태양으로부터 멀리 떨어져 있으면 빙하가 형성되기 좋은 조건으로 알려져 있다.

데본기 말(약 3억 5000만 년 전)에 두 번째 대량 멸종이 일어나 당시 생물 중 속 수준에서 47퍼센트 그리고 종 수준에서 82퍼센트가 멸종했다. 이때 피해를 입은 생물들로는 삼엽충, 완족동물, 필석, 원시 암모나이트 등이 있다. 연구에 따르면 멸종은 약 100만 년에 걸쳐 일어났으며, 추운 기후에 의한 지구의 환경 변화 때문에 생물이 멸종했을 것으로 추정하고 있다. 최근 북아메리카와 유럽에서 운석 충돌 흔적이 여러 개 발견되면서 운석 충돌로 인한 멸종 가능성도 제기되고 있다. 여러 개의 운석이 시간 간격을 두고 지구와 충돌하면서 생물들이 멸종했다는 설명이다.

페름기 말(약 2억 5100만 년 전)에 전 지질 시대 기간 중 가장 큰 대량 멸종이 일어났다. 이 시기는 적도를 중심으로 대륙들이 남북으로 길게 모여서 초대륙 판게아를 형성한 시기로, 당시 생물 중 속 수준에서 80퍼센트 그리고 종 수준에서 96퍼센트가 멸종했다. 대표적인 멸종 생물로는 삼엽충과 방추충이 있다. 완족동물, 해백합, 그리고 암모나이트 등은 가까스로 멸종 위기를 넘겼다. 연구에 따르면 멸종은 800만 년에 걸쳐 일어났다. 다양한 멸종 이론들이 제안됐는데 멸종의 중요한 요인으로 시베리아 지방에서 일어난 화산 분출과 이로 인한 생태계의 파괴가 지목되고 있다.

트라이아스기 후반에 네 번째 대량 멸종이 일어나 당시 생물 중 속 수준에서 48퍼센트가 사라졌다. 이때 심한 타격을 받은 생물로는 이매패류, 완족동물, 암모나이트 등이 있다. 연구에 따르면 멸종은 약 2400만 년(약 2억 2300만 년 전부터 1억 9900만 년 전까지)에 걸쳐 일어났다. 기온의 한랭화와 운석 충돌 등 다양한 멸종 이론들이 제안됐는데, 북대서양의 형성과 관련된 화산 활동이 가장 강력한 멸종의 원인으로 지목되고 있다.

백악기 말(약 6550만 년 전)에 일어난 대량 멸종은 당시 생물 중 속 수준에서 47퍼센트의 생물을 멸종시켰다. 대표적인 멸종 생물로는 공룡과 암모나이트가 있다. 반면에 포유류와 일부 파충류들은 상대적으로 피해를 덜 입었으며 대량 멸종을 이겨내고 신생대에 번성할 수 있었다. 가장 강력한 멸종의 원인은 1980년대에 제안된 운석 충돌설이다. 운석 충돌설은 백악기 말에 퇴적된 퇴적물에서 지구상에서 보기 힘든 이리듐이란 원소가 풍부히 산출되는 것을 근거로 제안됐다. 이 가설에 따르면 지름 10킬로미터, 무게 400만 톤의 소행성이 지구와 충돌했으며 이로 인해 지름 180킬로미터의 크레이터(운석 충돌공)가 형성됐을 것으로 추정됐다. 1991년 멕시코의 유카탄 반도에서 6550만 년 전에 형성된 거대한 지하 크레이터가 발견됐으며 운석 충돌을 지지하는 강력한 증거로 여겨지고 있다.

46억 년 지구의 역사 동안 살았던 생물들의 변천 과정을 살펴보면 크게 다섯 번의 대량 멸종이 관찰된다. 즉 오르도비스기 말, 데본기 말, 페름기 말, 트라이아스기 말 그리고 백악기 말에 지구상에 살았던 많은 생물들이 대량으로 멸종했다. 과거에 지구상에 살았던 생물들은 새로운 환경에 적응하지 못하면서 아마도 멸종하게 됐을 것이다. 환경의 변화를 일으킨 요인은 다양했을 것이다. 빙하기의 도래, 화산 활동, 운석 충돌 및 대륙 이동에 의한 환경 변화 등이 대량 멸종을 유발한 원인으로 여겨진다.

현재 과학자들의 연구에 따르면 하루에 멸종되는 생물종의 수는 30~70종까지 이르는 것으로 추정되고 있다. 이것은 1년에 1만~2만 5000종, 그리고 100년에 100만~250만 종이 멸종함을 뜻한다. 즉 현재 기재되어 있는 모든 생물종은 100년 후면 멸종한다는 계산이다. 이 같은 멸종 속도는 지구의 역사상 발생한 그 어떤 대량 멸종 사건보다 빠르다. 그래서 과학자들은 현재를 '여섯 번째 대량 멸종 시기'라고 부른다. 이와 같이 급속한 대량 멸종이 일어나는 이유는 무엇일까? 현재 우리는 약 200만 년 전에 시작된 빙하기 중에서 비교적 따뜻한 시기인 간빙기에 살고 있기 때문에, 빙하기가 제6의 대량 멸종을 유발한 일차적인 원인으로 고려될 수 있다. 실제로 유라시아와 북아메리카를 연결하는 베링 해협이 연결된 시기와 매머드와 마스토돈 같은 대형 포유류들이 멸종한 시기가 서로 일치하기도 한다. 하지만 최근 연구에 따르면 고대 원시인의 사냥 기술의 발달 및 잦은 사냥으로 인해 매머드와 마스토돈 같은 대형 포유류들이 멸종했다고 주장하는 학자들도 있다. 실제로 최근 모아새, 도도새, 여행비둘기의 경우처럼 인간의 생물 남획으로 인해 많은 생물들이 멸종된 최근 사례도 있다. 즉 인간의 활동은 새로운 멸종을 유발하기도 한다.

과학자들은 여섯 번째 대량 멸종의 원인을 인류에게서 찾고 있다. 인류의 서식지 훼손, 생물의 남획, 외래종의 도입, 그리고 화석 연료 사용에 따른 기후 온난화 등이 그것이다. 한반도에서도 호랑이, 늑대, 표범, 원앙사촌, 서호납줄갱이 등이 이미 멸종됐다. 그러나 인류의 자연 파괴는 결국은 부메랑처럼 인류 자신에게 되돌아올 것이다. 지금은 지구상의 모든 생물들이 공존하는 방법을 찾아야 할 시기이다.

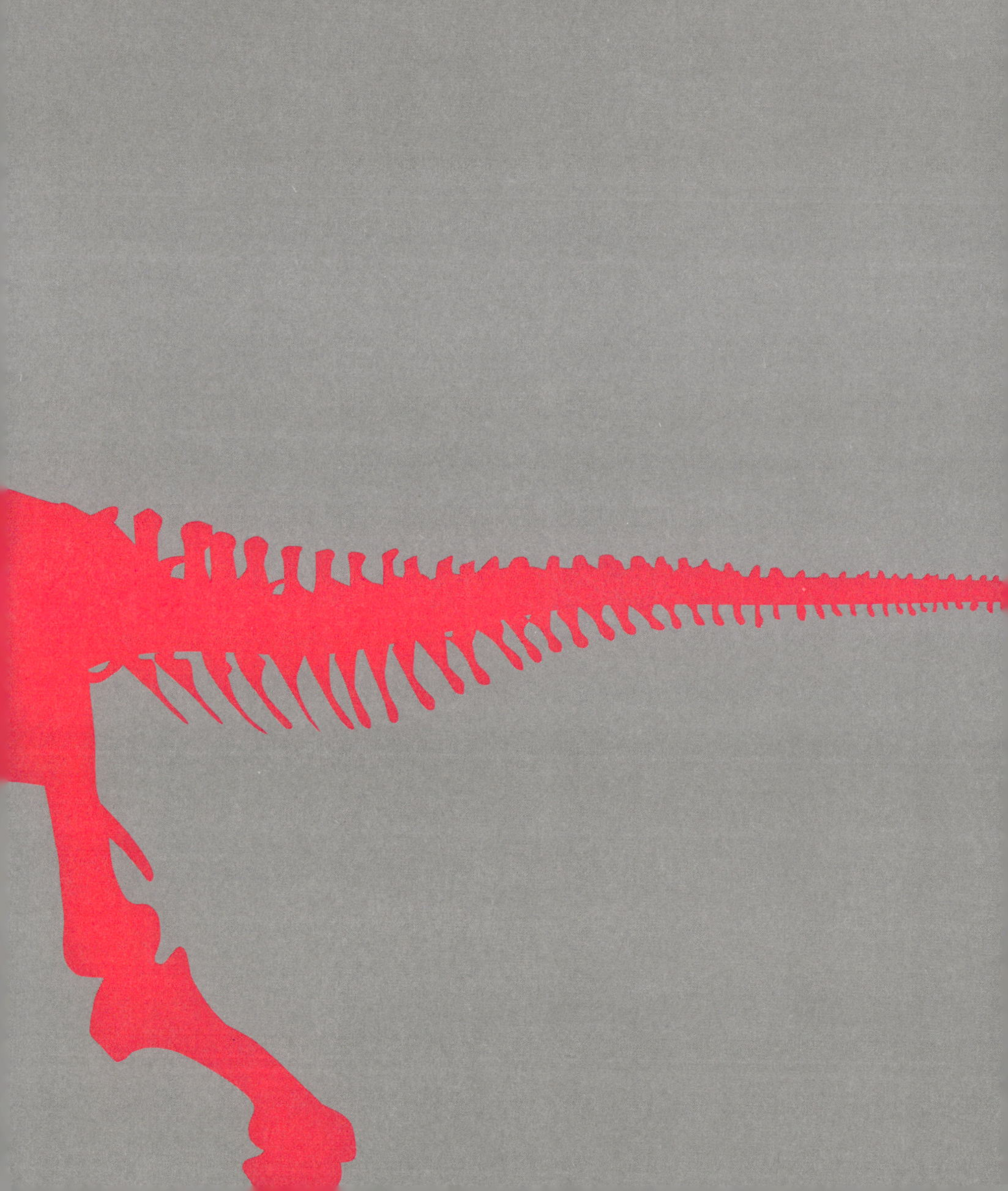

6부
시간의 발견자

진화론의 선구자

41

뷔퐁 백작(Comte de Buffon, 1707~1788년)은 1707년 프랑스 부르고뉴 지방의 몽바르에서 박식하고 성품이 곧은 어머니 안크리스틴 마를랭(Anne-Cristine Marlin)과 주 공무원인 아버지 방자맹프랑수아 르클레르(Benjamin-Francois Leclerc)의 다섯 아이 중 맏아들로 태어났다. 원래 이름은 조르주루이 르클레르(Georges-Louis Leclerc)였으며 1725년까지 이 이름을 사용했지만 그 후 조르주루이 르클레르 드 뷔퐁(Georges-Louis Leclerc de Buffon)을 사용했다. 그 이유는 조르주가 열 살 되던 해인 1717년에 그의 어머니가 거대한 유산을 상속받았고 이로 인해 그의 아버지는 뷔퐁과 몽바르의 영주가 될 수 있었기 때문이다. 뷔퐁(Buffon)이라는 이름은 그 시기에 어머니 마를랭이 상속받은 토지이다.

그는 10살 때부터 디종에 있는 고드랑 중학교에 입학해서 1723년까지 교육을 받았다. 1723년부터 그의 아버지의 소원에 따라 법학을 공부하기 시작했지만 그는 법학보다는 수학에 보다 많은 관심

■ 뷔퐁 백작.

을 갖게 됐다. 그는 1728년에 수학을 공부하기 위해 앙제 대학교에 입학했다. 그러나 그는 수학 이외에도 의학과 식물학에 관심을 갖게 됐다. 1730년대 초에 뷔퐁은 군함 건조에 쓰는 목재의 장력을 연구했으며, 미적분의 상관 관계를 연구해 확률 이론을 발전시켰다. 이 연구 결과로 그는 27살에 프랑스 과학 학술원 회원에 선임됐으며, 1733년 백작이 됐다. 1739년부터 파리에 위치한 왕실 정원(Jardin du Roi, 나중에 왕립 식물원(Jardin des Plantes)으로 명칭이 바뀌었다.)의 원장으로 일했다. 그는 왕실 정원을 단순한 정원에서 연구소와 박물관을 겸할 수 있는 기관으로 바꾸었다.

뷔퐁은 1749년부터 당시까지 자연계에 알려져 있던 모든 내용을 종합해『자연사(Histoire Naturelle, Génèrale et Particulière)』를 저술했다. 1788년까지 총 36권을 저술했다. 그는 신학에 바탕을 둔 당시 사회에서 종교와 자연사를 분리해 생각했으며 이러한 그의 사고는 자연 과학의 발달에 큰 영향을 미쳤디. 일례로 딩시 일반적으로 받아들여지고 있던, 기독교적 사고의 굴레를 벗어나 사람과 유인원과의 유사성 및 공통 조상을 가질 가능성을 논의했으며, 태양과 혜성이 충돌해 그때 흩어진 엄청난 태양 기체가 상승하면서 덩어리져 태양계를 구성하는 행성들이 형성됐다는 의견을 제시했다. 또한 모든 생명체들은 변화하며, 종들도 세대를 거듭하면서 변화한다고 주장했다. 그러나 한 종에서 다른 종으로 진화한다는 개념은 부정했다.

또한 그는 1788년 출간한『자연의 시간(Les Epoques de la Nature)』에

서 지구가 처음 형성됐을 때 모든 물질이 녹아 있었다고 생각했으며, 이 원시 지구가 식어서 현재 상태에 도달할 때까지 걸린 시간을 계산했다. 그 결과 지구의 나이를 7만 5000년으로 제안했다. 이러한 그의 연구 결과는 당시 일반적으로 받아들여지고 있던, 기독교적 사고에 바탕을 둔 6000년이라는 지구의 나이를 탈피한 것이었다. 가톨릭 교회는 그를 이단으로 규정했고 그의 책들은 불태워 버렸다.

뷔퐁은 1788년 4월 16일 프랑스 파리에서 죽었다. 그가 죽은 뒤 동료들에 의해 1804년까지 『자연사』 8권이 추가로 저술됐다. 『자연사』는 큰 성공을 거두었으며 이 책에 기술된 자연에 대한 그의 관점은 라마르크와 다윈 등의 후대 과학자들에게 큰 영향을 주었다.

자연의 동일성

42

제임스 허턴(James Hutton, 1726~1797년)은 1726년 영국 스코틀랜드 에든버러의 유복한 가정에서 태어났다. 초기에는 변호사가 되기 위한 수련을 받았지만, 스승 변호사의 권고로 그가 흥미 있어 하던 화학과 밀접한 의학을 공부했다. 에든버러 대학교에서 3년간 의학을 공부했으며, 1749년 네덜란드 라이덴 대학교에서 의학 박사 학위를 받았다. 그러나 의학도 자신이 좋아하는 분야가 아니라는 사실을 깨닫자 농학으로 관심을 돌렸다.

14년 동안 버릭셔(Berwickshire)에서 농사를 지었는데 농업이 더 이상 그의 흥미를 끌지 못하자, 1768년 고향으로 돌아와 독자적으로 광물과 암석의 기원에 대한 연구를 시작했다. 그의 연구 결과는 마침내 1785년 에든버러 왕립 학회에서 발표됐으며 1788년 『지구의 이론(Theory of the Earth)』으로 출간됐다.

이 연구에 따르면 오늘날 지구 표면에 존재하는 암석들 중 대부분은 과거에 존재했던 암석들의 잔해이며, 이 잔해가 해저에 퇴적

■ 제임스 허턴.

되고, 거대한 압력에 의해 단단해지며, 점차적으로 거대한 힘에 의해 융기된다고 주장했다. 융기된 암석은 대기와 접촉하면서 점차 잘게 부스러지며, 이 잔해들은 다시 해저에 쌓이게 된다. 이 과정을 통해 융기된 암석이 다 부스러져 없어지면 또다시 융기가 일어나 단단한 퇴적물이 지상에 노출된다고 생각했다. 이 같은 그의 관찰 내용은 오늘날 지구상에서 일어나는 암석의 순환 과정을 정확하게 묘사한 것으로, 지구를 구성하는 암석 구성 물질 사이의 물리적·화학적 변화 과정과 상호 관계를 통찰한 것이며, 현재 자연계에서 일어나고 있는 현상을 잘 이해함으로써 과거의 자연계 현상을 해명할 수 있다는 것을 의미한다.

지질 과학에 대한 그의 연구는 보다 확장·종합되어 마침내 1795년 2권으로 된 『지구의 이론』 개정판을 출간했다. 그러나 그의 글은 불명확하고 어려웠기 때문에 광범위하게 읽히지도 않았으며 세인의 주목을 끌지도 못했다. 허턴이 죽은 지 5년 후에 친구인 존 플레이페어(John Playfair)는 『지구의 이론』에 대한 해설서를 출판했으며, 이로써 허턴의 이론은 널리 보급되고 학계의 인정을 받을 수 있었다. 그의 이론은 '동일 과정설'로 불리는데, 오늘날 작용하는 물리적, 화학적 그리고 생물학적 법칙들은 과거에도 동일하게 작용했다는 내용을 담고 있다. 이 이론은 보통 "현재는 과거의 열쇠다."라는 말로 표현된다.

허턴 이전의 시기에는, 지구의 역사에 대한 대부분의 설명은 초자연적인 해석(격변설)에 의존했다. 그러나 허턴은 지구상의 암석에는 퇴적암·화성암·변성암이 있고 암석은 다양하게 모습을 바꾸면서 순환한다고 생각했다. 이러한 변화는 매우 미약하고 느리게 일어나며, 따라서 현재 지구상에서 일어나고 있는 현상을 설명하기 위해서는 지구의 나이도 무한히 길어야 한다고 생각했다. 또한 그는 현무암과 화강암이 화성암이라는 것을 밝혀냄으로써 베르니가 주장한 수성론에 치명적인 타격을 주었다.

용불용설과 획득형질의 유전 43

장바티스트 라마르크(Jean-Baptiste Lamarck, 1744~1829년)는 프랑스의 생물학자로 진화의 개념을 주장했다. 1744년 프랑스 북부 바장탱(Bazentin)의 귀족 가문에서 11명의 아이들 중 막내로 태어났으며, 성직자가 되기 위해 소년 시절을 신학교에서 보냈다. 1761~1768년에는 군대에서 복무했으나, 곧 식물에 흥미를 느끼게 되어 파리에 있는 왕립 식물원에서 연구하게 됐다. 9년간에 걸친 현지 조사와 채집을 통해 1778년『프랑스의 식물상(Flora Française)』이라는 책을 출간해 주목을 받았다. 1793년부터는 왕립 식물원에서 무척추동물학 교수로 일했다. 그는 최초로 등뼈의 존재 유무를 이용해 척추동물과 무척추동물을 구분했다.

오랜 연구 끝에 1809년『동물 철학(Philosophie Zoologique)』을 출판했는데, 이 책에서 라마르크는 생물 진화에 대한 이론을 체계화하면서 생물이 진화할 수 있는 방법에 대한 두 가지 중요한 가설을 제안했다. 첫째 가설은 용불용(用不用, use-disuse) 가설이다. 그는 생물

■ 라마르크를 풍자한 당시의 만화.

개체가 일생 동안 환경의 직접적인 압력과 기관의 사용 여부에 따
라 영향을 받는다고 생각했다. 즉 어떤 개체에서 자주 쓰는 부분은

발달하고, 반대로 어떤 부분을 오랫동안 사용하지 않으면 그 부분은 점차 약해지고 작아지며 마침내 사라진다고 생각했다.

두 번째 가설은 획득 형질의 유전이다. 라마르크는 생물 개체가 일생 동안 또는 우연히 얻은 특징이 자손에게 유전된다고 생각했다. 예를 들어 풀이 없고 메마른 환경에서 살아가는 기린은 나뭇가지의 새싹들을 뜯어먹고 살아가야 한다. 만약 낮은 곳에 있는 가지의 잎을 다 따먹은 경우, 기린은 높은 곳에 있는 가지의 잎을 따먹지 않으면 안 되는 곤란한 환경에 놓이게 된다. 그 결과 기린은 필요성에 따라 지속적으로 자신의 목의 길이를 늘이는데, 이렇게 늘어난 목과 목을 길게 늘이려는 욕구는 세대를 통해 후손에게 전해지며, 마침내 원래 목이 짧은 조상 기린이 목이 긴 기린으로 진화됐다고 생각했다.

이 두 가지 가설을 바탕으로 라마르크는 환경의 영향에 대한 용불용의 결과 획득되거나 잃게 된 형질이 후손에 유전되어 전혀 다른 종류의 생물이 출현한다고 생각했다.

라마르크가 제안한 진화에 대한 개념 중 용불용의 효과는 1세대 안에서는 인정되지만 획득 형질의 유전은 많은 관찰과 실험 결과 잘못된 것으로 판명됐다. 그러나 라마르크는 환경에 의해 생물이 변화, 즉 진화함을 인지한 최초의 진화론자였으며, 최초로 생물이 진화하는 방법을 가설로 상세히 추론했다. 그의 용불용설은 후대에 라마르크주의라고 불리는 진화론으로 발전됐다.

격변에 의한 멸종을 인정하다 44

조르주 레오폴 니콜라 프레네릭 퀴비에(Georges Léopold Nicolas Frédéric Cuvier, 1769~1832년)는 1769년 프랑스 남동부 몽벨리아르에서 태어났으며, 1784년부터 1788년까지 독일 슈투트가르트의 카롤리네 아카데미에서 비교 해부학을 공부했다. 졸업 후 가정 교사를 하면서 해양 무척추동물에 대한 많은 연구물을 발표했는데, 이 연구가 인정되어 1795년 파리 자연사 박물관의 교수로 초빙됐다.

그는 주로 연체동물, 어류, 포유류, 화석에 대한 연구를 수행했는데, 단순히 생물들을 기재하는 것 외에, 생물의 기관이나 조직의 구조를 기능과 연관짓는 비교 해부학적 방법으로도 연구했다. 그 결과 그는 동물의 구조가 그 동물의 해부학적 특징을 결정지음을 밝혀낼 수 있었다. 나아가 그는 화석 연구에도 비교 해부학적 방법을 적용했다. 즉 척추동물 화석을 기재·분류할 때 현생 척추동물과 비교해 연구함으로써 현생 동물에서 관찰된 비교 해부학적 지식을 화석에도 적용할 수 있었고 이를 통해 고생물학의 기초를 확

■ 퀴비에.

립할 수 있었다. 1817년 앞의 연구 결과를 종합한 대표적인 저서인 『동물계(*Le Règne Animal*)』를 출간했는데 여기서 그는 동물을 척추동물, 연체동물, 관절동물, 방사동물의 넷으로 분류했다.

퀴비에는 지구의 연령은 상당히 긴 것으로 생각했으며, 가끔씩

전 지구적 재앙이 일어나 모든 생물이 멸종되고 다시 새로운 생물이 창조됐다는 격변론(Catastrophism)을 주장했다. 그는 태초에 하느님이 모든 생물을 창조했으나 얼마 지나지 않아 전 지구적 재앙을 일으켜 모든 생물을 멸종시켰다고 생각했다. 그는 구약 성서에 나오는 '노아의 홍수'가 사실이라면 이는 무수한 천재지변 중 가장 최근에 일어난 전 지구적 재앙의 한 예로 생각했다. 그 뒤 하느님은 다시 여러 형태의 생물을 창조했는데 이들은 이전에 살았던 생명물과는 다른 종이리고 생각했다. 따라서 화석은 선 시구석 재앙에 의해 멸종된 생물의 잔재이며 현재의 생물과는 아무런 관련이 없다고 생각했다. 즉 종은 고정적이고 불변하며, 어떤 종은 멸종됐으며, 전 지구적 재앙 전후의 종들은 서로 연관성이 없다고 그는 생각했다.

퀴비에는 라마르크의 진화론을 강하게 비판했지만, 반대로 생물은 멸종한다는 사실을 최초로 인지했다.

세계 최초의 지질도

45

윌리엄 스미스(William Smith, 1769~1839년)는 퀴비에가 태어난 것과 같은 해인 1769년 영국 남부의 옥스퍼드 주에서 농부의 장남으로 태어났다. 스미스는 정식 교육을 많이 받지는 못했지만, 어릴 때부터 화석을 발굴하고 수집하는 일에 관심이 많았으며, 측량·지도 작성·기하학 등을 익혔다.

1787년 18세가 되던 해에 보조 측량 기사가 됐으며, 영국 전 지역을 돌아다니며 광산 개발을 위한 지질 조사와 시추 조사를 수행했다. 이때는 산업 혁명으로 인해 석탄 수요가 늘어나면서 석탄 운송을 위해 운하가 활발히 건설되던 시기로, 스미스도 자연스럽게 운하 공사에 참여하게 됐다. 그는 운하 건설의 최적지가 어딘지 조사하는 과정 중에 많은 퇴적층을 자세히 관찰할 수 있었고, 곧 이 층들이 규칙적인 순서를 가진 단조로운 층을 이루며, 각 층에 포함된 화석의 내용이 층의 하부에서 상부로 가면서 일정한 순서를 갖는다는 것을 알 수 있었다. 또한 이러한 화석의 산출 순서는 다른

■ 윌리엄 스미스.

지역에서도 동일하게 관찰됐다. 그는 영국의 어느 지역에서 수집한 퇴적암 표본이라도 보기만 하면 그 표본이 어느 층에서 온 것인지 알 수 있었으며, 연속된 층들 내에서 그 층의 위치를 알 수 있게 됐다.

스미스는 지역에 따라 암석의 성질이 변하지만 이들 암석에서 화석 산출의 순서는 동일하며, 따라서 서로 다른 지역에 있는 지층들도 각 지층에서 산출되는 화석의 내용을 파악하면 상호간의 상대적인 순서를 파악할 수 있음을 알게 됐다. 다시 말해서 서로 다른 지역에 있는 지층이라도 산출되는 화석의 내용이 동일하면 동일한 시기에 쌓인 지층이며, 산출되는 화석의 내용이 서로 다르면 서로 다른 시기에 쌓인 지층들임을 알 수 있었다. 그 결과 수 킬로 미터 떨어져 있는 지역들 간에 지층의 순서도 산출되는 화석의 내용과 지층의 물리적 유사성을 비교해 상호 대비할 수 있게 됐으며, 지표에서의 관찰로 지하 암층의 성질, 두께, 깊이 등을 상세히 예측할 수 있었다.

그의 연구는 석탄층을 비롯한 다른 경제성을 지닌 암석의 매몰 깊이, 두께 등을 정확히 예측하는 데 도움을 주었고, 후에 지하 자원 개발과 온천·도로·수로 개발에도 기여할 수 있었다. 화석 산출과 암석의 물리적 특성에 대한 연구 결과를 토대로 그는 영국에 분포하는 암석층에 대한 지질도를 작성할 수 있었으며, 1815년에 책으로도 출간했다. 그가 작성한 지질도와 스미스의 조사 방법은 유럽의 많은 학자들에 의해 검토됐으며, 그 결과 영국의 암석층에서 산출되는 화석의 내용을 순서대로 정리한 표가 출간됐다.

스미스는 고생물학적 지식이 없었기 때문에 산출되는 화석을 분류하고 명명하지는 못했으며, 단순히 기재하는 데에 그쳤다. 또한 지층이 어떻게 만들어지고, 지역들 간에 화석 산출의 순서가 왜 동일한지 이해하지 못했으며 밝혀내려는 의지도 없었다. 그러나 세밀한 지질 조사를 통해 암석에 포함된 화석의 의미와 암석들 간의 상관 관계를 통찰할 수 있었고 이를 통해 지구의 역사를 밝혀낼 수 있었다. 1831년 런던 지질 학회는 그의 공로를 기려 제1회 월러스턴(Wallaston) 메달을 수여했다.

 | 화석이 말을 한다면

46

제임스 허턴이 사망한 1797년, 영국 스코틀랜드 키노디라는 마을에서는 허턴의 뒤를 잇는 지질학 분야의 거장이 태어났다. 바로 찰스 라이엘(Charles Lyell, 1797~1875년)이었다. 라이엘은 유년 시절부터 아버지의 영향을 받아 자연사에 관심이 많았으며, 옥스퍼드 대학교를 다니던 중에 버클랜드 박사의 강의에 매료된 뒤로는 지질학에 빠져들었다. 라이엘은 플레이페어가 쓴『지구에 대한 허턴 이론의 해설(*Illustrations of the Huttonian Theory of the Earth*)』을 탐독했을 뿐만 아니라, 허턴의 생각을 받아들이고 발전시켜 마침내 1830년『지질학 원리(*Principles of Geology*)』를 발간했다.

라이엘은 이 책에서 "시간에는 경계가 없다. 자연 법칙에는 경계가 없다. 현재는 과거를 푸는 열쇠이다."라고 주장했다. 즉 자연계의 변화는 시간과 공간의 제약 없이 균일하고 일정하게 일어나며, 점진적이고 오랜 시간에 걸쳐 느리게 일어나므로, 현재에 일어나는 현상으로 과거에 일어났던 일을 설명할 수 있다는 것이다. 따라서

■ 찰스 라이엘.

이러한 변화는 일부 지질학자들이 상상한 산맥의 급작스러운 융기 같은 전 지구적인 변동에 의한 변화가 아니라 점진적이고 누적적인 변화이므로, 결과는 쉽게 관찰할 수 있지만 과정은 인식하지 못할 수 있다며 주의를 요했다.

　라이엘은 또한 지질 시대 구분에도 많은 관심을 가지고 있었다. 라이엘은 프랑스 파리 분지의 제3기 암석에서 산출되는 연체동물 화석들에 대한 연구를 수행했으며, 화석 종과 현생 종과의 유사성을 비교·검토했고, 이를 바탕으로 '세(世, epoch)'라는 지질 시간 단위를 제안했다. 즉 암석에서 산출되는 화석 종과 현생 종과의 비율을 토대로 에오세(현생 연체동물의 비율이 3.5퍼센트), 마이오세(현생 연체동물의 비율이 18퍼센트), 플라이오세(현생 연체동물의 비율이 33~50퍼센트)를 제안했다. 이것은 층서학적으로 하위 지점보다 상위 지점에서 산출되는 화석이 현생 종과 유사성이 더 높음을 의미하는 것으로, 시간이 흐르면서 옛 생물군이 점차적으로 현대 생물군으로 대체됨을 보여 주는 것이다.

　라이엘은 생물이 멸종한다는 사실을 거부했으며, 산맥이 어떻게 만들어지는지 제대로 알지 못했다. 그러나 그의 저서인 『지질학 원리』는 라이엘 생전에 12판까지 발간될 정도로 당시 사회에 커다란 영향을 끼쳤으며, 이로 인해 당시의 자연관인 격변설과 수성론을 벗어나는 데 큰 영향을 끼쳤다. 그는 이러한 공적으로 1848년 기사 작위를, 1864년에 준 남작 작위를 받았다.

나는 천천히 진화해 왔다

찰스 로버트 다윈(Charles Robert Darwin, 1809~1882년)은 1809년 영국 잉글랜드 실즈베리의 부유한 의사 집안에서 태어났다. 1825년 아버지의 뜻에 따라 에든버러 대학교에 입학해 의학을 공부하다가 1828년 케임브리지 대학교로 전학해 신학을 공부했다. 그러나 그는 의학이나 신학보다는 박물학에 더 많은 관심을 가졌으며, 식물학과 교수인 존 헨슬로(John S. Henslow)와 친교를 맺으면서 자연스럽게 그의 영향을 받게 됐고, 마침내 그의 권유로 해군 측량선인 비글호에 박물학자로 승선해 세계 일주 항해에 참가했다.

비글호는 1831년 12월 27일 영국을 출발해 남아메리카의 동서 해안과 남부 지방, 태평양, 인도양, 대서양의 섬 등지를 두루 항해 및 탐사했으며, 마침내 5년간의 항해 끝에 1836년 12월 2일 영국으로 돌아왔다. 항해 동안 다윈은 미지의 자연에 대한 많은 관찰 및 경험을 하게 되는데, 특히 갈라파고스 제도에서의 경험은 그에게 자연을 바라보는 새로운 시각을 제공했다.

■ 찰스 다윈.

갈라파고스 제도의 섬들은 육지로부터 멀리 떨어져 있으며 섬들 사이의 거리는 가까운 데에도 불구하고, 각 섬에서 조금씩 다른 형태를 지닌 핀치 새와 거북이 발견됐다. 핀치의 경우, 부리가 뭉툭한 것에서부터 날카로운 것까지 다양한 종류가 서식하고 있었는데, 이중 뭉툭한 부리를 가진 핀치는 주로 큰 낟알을 주식으로 하며, 날카로운 부리를 가진 핀치는 작은 벌레를 주식으로 먹고사는 것을 관찰할 수 있었다. 다윈은 이 핀치들이 원래는 한 종류의 핀치가 변이해 생겨난 것으로 생각했다.

다윈은 비글호에 승선한 이후 헨슬로 교수가 준 찰스 라이엘의 『지질학 원리』를 읽었는데, 이 책은 오늘날 자연계에 작용하는 힘이 과거에도 작용하고 있었으며 이러한 점진적이고 누적적인 변화가 현재와 같은 매우 변화된 지구의 모습을 만들었다고 설명하고 있었다. 마침내 다윈은 동식물의 여러 종류들은 불변하는 것이 아니고 오랜 시간을 거치는 동안 공통의 조상으로부터 차차 변해 온 것이라고 생각하게 됐다.

귀국 후 다윈은 비글호 항해에서 생긴 의문에 대한 해답을 찾기 위해 노력했다. 그는 가축 사육가들과 원예가들과의 만남을 통해 사람의 '선택'에 따라 인위적으로 동식물의 종자가 개량되는 것처럼 자연계에서 생물이 변화해 가는 것은 자연의 '선택'에 따른 것이라고 생각하게 됐다. 또한 그는 토머스 맬서스(Thomas R. Malthus)의 『인구론(*An Essay on the Priniciple of Population*)』을 읽은 후, 식량과 인구의 수급 불균형이 필연적으로 생존 경쟁을 불러일으킨다는 맬서스의 이론처럼 자연계에서도 주어진 환경 속에서 개체 간에 항상 생존을 위한 경쟁이 일어나며, 이 경우 그 생물이 생활하고 있는 환경에 가장 적합한 것만이 살아남고 부적절한 종류는 멸종해 버리며, 그 결과 오늘날과 같은 생물계가 형성됐다고 결론지었다. 즉 환경에 적응한 개체는 생존에 유리한 형질은 자손에게 전하는데, 이 형질이 점차 축적되어 결국에는 다른 형질을 가진 종으로 변해 간다고 생각했다. 이 같은 그의 연구 내용은 1859년 발간된 『종의 기원』에 잘 나타나 있다.

『종의 기원』은 초판 1250부가 당일에 매진될 정도로 큰 반응을 불러일으켰다. 비록 진화론에 대한 격렬한 논쟁이 일어났지만, 진화론은 제국주의의 이론적인 지주가 되면서 당시 영국 사회의 폭발적인 지지를 받게 됐으며, 오늘날까지도 정치·사회·종교적으로 큰 영향을 미치고 있다.

■ 찰스 다윈을 풍자한 만화.

진화론을 지지하다

48

토마스 헨리 헉슬리(Thomas Henry Huxley, 1825~1895년)는 1825년 영국 런던에서 태어났으며, 런던 대학교에서 의학을 공부했다. 1846년부터 해군 군위로 근무하면서 해양 동물의 생태도 연구했다. 특히 오스트레일리아 근해에 서식하는 해파리에 관한 연구로 널리 알려졌다. 1859년부터 왕립 광산 학교 교수로 근무하면서 화석을 연구했으며, 비교 해부학 연구에도 힘써 강장동물과 고등 동물이 발생학적 측면에서 서로 같은 점이 있음을 밝혔다.

헉슬리는 1859년 다윈의 『종의 기원』이 출간되자 즉시 그의 자연 선택에 의한 진화론을 인정했다. 『종의 기원』을 읽은 뒤 그의 첫 반응은 다음과 같았다. "이러한 생각을 하지 못했다니 나는 얼마나 아둔한가!" 그는 일련의 논문과 회의를 통해 반대론자들과 기꺼이 논쟁을 벌였는데, 이로 인해 '다윈의 불도그'라는 별명을 얻었다.

가장 유명한 논쟁은 1860년 6월 30일 옥스퍼드에서 개최된 영

■ 다윈의 불도그 헉슬리.

국 학술 협회 총회에서 벌어졌다. 진화론의 반대자로 나온 새뮤얼 월버포스(Samuel Wilberforce) 주교는 헉슬리에게 다음과 같은 말로 비꼬았다. "당신이 원숭이의 자손이라면 할아버지와 할머니 중 어느 쪽의 자손인가요?" 이에 진화론의 옹호자로 나선 헉슬리는 "나는 조상으로 원숭이를 갖는 것을 창피하게 여기진 않지만, 진실을 흐리기 위해 자기의 위대한 재능과 영향력을 이용해 겸손한 탐구자의 명예를 더럽히고 조롱하는 데 사용하는 '인간'보다는 차라리 '비천한 원숭이'의 후예가 되겠습니다."라고 월버포스의 주장을 묵살함으로써 진화론의 보급에 영향을 미쳤다.

그러나 헉슬리가 다윈의 진화론을 맹목적으로 따른 것은 아니다. 예를 들어 다윈은 진화가 점진적이고, 느리게, 연속적으로 일어난다고 생각한 반면 헉슬리는 진화가 일어날 때는 빠르게 도약해 일어난다고 생각했다. 1863년 헉슬리는 『자연에서 사람의 위치(*Man's Place in Nature*)』를 출간했는데, 이 책은 당시에 알려져 있던 영장류와 사람에 대한 화석 기록과 행동학을 집대성한 것으로, 최초로 사람의 진화에 대해 논의한 책이다. 또한 그는 이 책에서 다윈이 그의 저서에서 분명히 밝히지 않았던 사람의 진화를, 유인원의 뇌와 사람의 뇌가 해부학적으로 볼 때 근본적으로는 비슷하다는 것을 통해 밝혔다. 그는 화석 파충류와 새에 대한 연구도 수행했는데, 이를 통해 파충류와 새가 해부학적인 면에서 서로 연관되어 있음을 알아냈다.

직립 원인의 발견자

49

외젠 뒤부아(Eugéne Dubois, 1858~1940년)는 1858년 네덜란드 에시덴 (Eijsden)에서 태어났으며, 본래 의과 대학에서 외과학과 해부학을 전공했다. 1884년 의학 박사 학위를 받은 뒤, 1886년부터 암스테르담 대학교의 해부학 강사로 근무했다. 그는 진화론의 신봉자였으며, 따라서 유인원과 사람을 잇는 '잃어버린 고리'가 분명 존재할 것이라고 생각하게 됐다.

1887년 그는 유인원과 사람의 모습을 모두 간직한 공통 조상을 찾아 나서기 위해 네덜란드 군의로 직업을 바꾸었다. 그는 당시 인류의 기원지로 여겨지는 적도 지역이면서 긴팔원숭이가 많이 살고 있는 인도네시아 수마트라 섬으로 가서 원시 인류 화석을 찾아 헤맸다.

1891년 뒤부아는 인도네시아 자바 섬 솔로 강 근처 트리닐 지역에 분포하는 퇴적물을 발굴하는 과정 중에 마침내 일련의 두개골, 대퇴골 및 몇 개의 어금니 화석을 발견했다. 뒤부아는 발견된 대퇴

골의 크기가 현대인의 것과 거의 비슷한 점을 근거로 이 화석의 주인공이 똑바로 서서 걸었다고 추정했으며, 마침내 자신이 유인원과 사람을 잇는 '잃어버린 고리'를 발견했다고 생각했다.

그는 이 화석의 주인공에게 그리스 어로 '원숭이'를 뜻하는 Pithecos와 '사람'을 뜻하는 anthropus를 결합해 '원숭이-사람'을 뜻하는 피테칸트로푸스 에렉투스(*Pithecanthropus erectus*)란 이름을 지어 주었다. erectus는 라틴 어로 '똑바로 서 있다.'는 뜻이다. 이 화석은 또한 자바 섬에서 발견됐기에 '자바 원인'이라고도 불린다.

뒤부아가 발견한 이 인류 화석은 후에 현대인의 직접 조상으로 판명됐으며, 이제는 호모 에렉투스(*Homo erectus*)로 불리고 있다. 호모 에렉투스 화석은 1929년에 중국 베이징 저우커우뎬(周口店)에서 그리고 1930년대 들어서 자바 섬에서 더 발견됐으며, 1950년대에 이르러 아프리카의 알제리, 탄자니아, 케냐 등지에서도 발견됐다. 호모 에렉투스는 불을 사용한 최초의 영장류로 약 190만 년 전에 아프리카에서 출현했다가 약 30만 년 전에 멸종했다. 그들은 현대인보다는 두꺼운 두개골과 작은 뇌를 가졌으며, 점차 아프리카를 벗어나 중동 지방과 유럽 그리고 아시아의 여러 지역에서 살았다.

뒤부아는 일부러 인류 화석을 찾기 위해 시도한 최초의 사람으로 꾸준한 노력 끝에 마침내 원시 인류 화석을 찾아냈다. 그가 발견한 인류 화석은 사람이 진화했음을 입증하는 최초의 호미니드 화석으로 고인류학 발전에 크게 이바지했다.

50

대륙과 해양의 기원

알프레트 베게너(Alfred Wegener, 1880~1930년)는 1880년 독일 베를린에서 태어났으며, 1904년 베를린 대학교에서 천문학 박사 학위를 받았다. 그러나 그는 천문학보다는 지구 물리학, 기상학 그리고 지질학에 더 많은 관심을 가졌다. 그는 공기가 순환하는 행로를 알아내기 위해 기구를 이용한 관찰을 시도하기도 했으며, 1906년에는 북극의 대기 순환을 연구하기 위해 그린란드를 탐험했다. 1909년부터는 독일 마르부르크 대학교에서 천문학과 기상학을 가르쳤다.

20세기 초까지만 해도 과학자들은 지구 표면의 대륙과 해양의 위치는 고정되어 있다고 생각했다. 그런데 베게너는 당시의 그러한 사고에 의문을 품고 있었던 것처럼 보인다. 일례로 1910년 베게너는 약혼녀에게 보낸 편지에서 다음과 같이 언급하고 있다. "남아메리카의 해안이 아프리카 서부 해안과 정확하게 들어맞지 않아? 마치 한때 붙어 있기라도 했듯이 말이야." 1911년 베게너는 마르부르크 대학교 도서관에서 책을 보다가 대서양 양쪽에서 발견된 동식물 화석이 서로 비슷하다는 논문을 발견했다. 베게너는 즉시 비슷한 다른 경우를 찾기 시작했는데 그 결과 이러한 현상에 대한 해석으로, 예전에 대륙들이 서로 육교에 의해 연결되어 있었기 때문이라는 주장을 발견할 수 있었다.

그러나 베게너의 생각은 달랐다. 그는 대서양 양쪽에서 서로 비슷한 동식물 화석이 발견되는 것은 남아메리카와 아프리카 대륙이 한때 서로 붙어 있었던 것을 의미하는 것이라고 생각했다. 그는 곧바로 자신의 생각을 뒷받침하는 증거들을 찾아 나섰으며, 마침내 화석상의 유사점과 다른 지질학적 증거를 바탕으로 1912년 프랑크푸르트에서 개최된 독일 지질학회에서 대륙 이동설을 발표했다.

1915년 베게너는 발표 내용을 정리해『대륙과 해양의 기원』이라는 책으로 발행했는데, 그는 이 책에서 약 3억 년 전에 판게아라는 초대륙이 존재했지만 점차 쪼개져 오늘날과 같은 모습이 됐으며 대륙들은 대양을 항해하는 배처럼 끊임없이 움직이고 있다고 주장했다. 그러나 그의 이론은 대륙이 움직이는 힘을 제대로 설명하지 못하면서 격렬한 비판을 받았다. 베게너는 지구 자전에 의한 원심력, 달과 태양에 의한 조석력 등의 힘이 대륙을 움직인다고 제안했지만 모두 불충분한 것으로 드러났고, 이 이론은 과학자들의 논의에서 멀어져 갔다.

베게너는 자신의 이론을 뒷받침하는 증거를 찾기 위해 노력했다. 그는 그린란드의 경도를 정밀 측정하면 대륙이 서쪽으로 이동한다는 직접적인 증거를 얻을 수 있다고 생각했으며, 이를 위해 그

■ 알프레트 베게너.

린란드 탐험에 적극적으로 참가했다. 특히 1930년에는 탐험대의 대장으로 그린란드를 조사했는데 이것은 그의 네 번째 그린란드 탐사이자 마지막 탐사가 됐다. 1930년 11월 1일 그는 자신의 50번째 생일날 그의 에스키모 친구와 함께 개썰매를 끌고 눈벌판 속으로 나섰다가 행방불명됐다.

베게너가 제안한 대륙 이동설은 당시에는 황당무계한 이론으로 받아들여졌으며 과학계의 거센 비판을 받았다. 베게너는 자기 이론의 반대론과 싸우느라 평생을 수모했으며 그럼에도 불구하고 생전에 그의 이론이 인정받지는 못했다. 이것은 당시 지구 표면의 대륙과 해양의 위치가 고정되어 있다는 고정 관념이 강했기 때문이기도 하다. 베게너의 업적은 이러한 고정 관념을 부수는 작업이었으며 당시의 고정 관념이 강하면 더 강할수록 그의 업적은 더욱 더 빛난다. 대륙 이동설은 1950년대와 1960년대에 해저 탐사가 가능해지고 고지자기학이 발달하면서 다시 관심을 받기 시작했고 마침내 해저 확장설과 판구조론으로 발전했다.

51

스탠리 밀러(Stanley L. Miller, 1930~2007년)는 1930년 미국 캘리포니아 주 오클랜드에서 태어났으며, 캘리포니아 대학교 버클리 캠퍼스에서 학사 학위를 받았다. 1950년대 초 당시 시카고 대학교 화학과 대학원생이던 밀러는 스승인 해럴드 유리의 권유로 생명체가 출현하기 이전의 원시 지구에서 어떤 유기 화합물이 형성됐는지를 실험했다.

밀러는 원시 지구에 존재했을 것으로 생각되는 환경을 실험 장치로 재현했다. 그는 밀폐된 플라스크와 유리관을 연결한 장치를 준비하고, 플라스크에 물을 넣은 다음 공기를 빼 진공 상태로 만든 뒤, '원시 대기'의 구성 요소로 여겨지던 메탄, 암모니아, 수소 가스 등의 환원성 기체 혼합물을 채웠다. 그다음 원시 지구에 존재했을 것으로 여겨지는 '열'과 '수증기'를 재현하기 위해 플라스크의 물을 0.1~0.2기압의 저압 상태에서 끓이고, 원시 지구의 '번개'를 재현하기 위해 6만 볼트의 전기 불꽃을 일으켰다. 이러한 과정을 거

친 수증기는 냉각 장치를 통해 냉각시켜 '비'처럼 응축시켰다. 유리 장치 안에서 응결한 수증기는 다시 플라스크로 돌려보냈으며, 다시 동일한 방법으로 순환됐다.

밀러의 실험 결과는 놀라웠다. 실험을 시작한 지 하루가 지나자 밀폐된 플라스크 안의 물은 붉은색/갈색이 됐으며 며칠이 지나자 짙은 붉은색/갈색이 됐다. 1주일 뒤 밀러는 플라스크 속의 액체를 크로마토그래피를 사용해 분석했다. 그 결과 단백질을 만드는 아미노산인 알라닌과 가장 단순한 아미노산인 글리신 등이 발견됐다. 1953년 밀러의 실험 내용은 《사이언스》에 최초로 소개됐는데 당시의 과학계와 일반 대중들에게 엄청난 충격을 안겨 주었다. 《타임》은 밀러의 실험을 소개하면서 "만약 실험 기구가 원시 바다처럼 넓고, 실험이 일주일이 아니라 100만 년 동안 진행됐다면 최초의 생명체가 탄생됐을 수도 있다."라고 기술했다. 이 같은 사실은 원시 지구에서도 이와 유사한 과정이 일어날 수 있으며 더 나아가 DNA를 만들 수 있는 복잡한 화합물도 위와 같은 방식으로 형성될 수 있음을 보여 주는 것이다.

1954년 밀러는 시카고 대학교에서 박사 학위를 받았으며 1968년에는 캘리포니아 대학교 샌디에이고 캠퍼스의 교수로 임명됐고, 생명의 기원을 밝히기 위한 연구를 지속했다. 밀러의 최초 실험은 원시 지구가 탄생한 뒤 오랜 시간 동안 지구상에서 일어난 화학 진화의 과정을 증명한 것으로 유기물 합성 연구에 크게 공헌했다.

단속 평형설

52

스티븐 제이 굴드(Stephen Jay Gould, 1941~2002년)는 1941년 미국 뉴욕 시에서 태어났으며 1963년 미국 오하이오 주 안티오키 대학에서 학사 학위를 받았다. 1967년 콜롬비아 대학교 진화 생물학·고생물 학과에서 박사 학위를 받았으며 이후 하버드 대학교 지질학과에서 교수로 재직했다.

다윈이 진화론을 제기한 이후, 진화는 시간의 흐름에 따라 일정 한 속도로 서서히 진행됨으로써 종분화가 일어난다는 계통 점진설 (phyletic gradualism)이 지지를 받아 왔다. 이 가설에 따르면 형질의 변 환은 전 집단에 걸쳐서 그리고 넓은 지역에 걸쳐서 일어나므로, 종 과 종 사이의 점진적인 변화를 간직한 화석도 풍부하게 발견될 것 으로 생각됐다. 그러나 실제 화석 기록을 보면 점진적인 변화를 간 직한 중간 종이 화석으로 발견되는 예는 매우 드물었다.

이러한 현상을 고려해, 1972년에 굴드는 닐스 엘드리지(Niles Eldredge)와 함께 단속 평형설(punctuated equilibrium)을 제안했다. 단속

평형설에 따르면 종의 형질 변환은 격리된 작은 집단에서 일어나
며 조상종이 멸종할 경우 그들이 살던 지역에 빠르게 확산된다고
생각했다. 즉 생물은 새로운 종이 형성될 때에 짧은 기간의 급격한
변화에 의해 일어나지만, 일단 변화된 종은 일정 기간 동안 안정된
상태로 자신의 형질을 유지한다는 것이다. 따라서 계통 점진설에
서 설명할 수 없었던, 중간 종이 잘 발견되지 않는 이유가 잘 설명될
수 있었다. 또한 실러캔스나 폐어처럼 오랜 기간 동안 별다른 변화
없이 살아온 '살아 있는 화석'의 존재도 설명 가능하다. 결론적으
로 다윈은 진화가 항상 진행되고 있다고 생각한 반면 굴드는 진화
에는 정지된 상태가 존재한다고 생각했다.

■ 스티븐 제이 굴드.

단속 평형설에 대한 가장 유명한 논의는 '판다의 엄지손가락'에 관한 것이다. 판다는 중국 서부의 산악 지방의 깊은 대나무 숲에서 서식하는 특이한 곰의 일종이다. 판다는 양손으로 대나무 줄기를 쥐고 엄지손가락과 나머지 손가락 사이로 대나무 줄기를 통과시켜 잎을 뜯어낸 뒤 새순만을 먹는다. 그런데 판다의 6개의 손가락 중 5개의 손가락은 사람의 손가락뼈와 같은 뼈로 되어 있지만 엄지손가락은 실제로는 손목뼈가 변형된 것이며 또한 이것을 움직이는 근육도 손에 있는 근육을 다른 경로로 동작하게 한 것이다. 즉 새로 생겨난 것이 아니라 일부 구조가 다른 기능을 하도록 바뀐 것이다. 굴드는 판다의 이러한 변이는 갑자기 일어났어야만 하며 만약 그렇지 않다면 자연 선택에 의해 보존되지 못했을 것이라고 주장했다.

굴드는 다윈 이후 가장 잘 알려진 생물학자로 과학 대중화 운동을 벌여 과학에 관한 수많은 저서와 에세이를 남겼다. 그는 과학과 사회는 분리된 것이 아니며, 역사적·사회적 맥락 속에서 과학을 이해하기 위해 노력했다.

나도 이젠 시간의 발견자

화석이란?

화석(化石)은 아주 먼 옛날에 살았던 생물의 껍질, 뼈, 이빨 등이 땅속에 묻혀 오랜 시간이 흐르면서 단단하게 굳어진 것으로, 영어로는 fossil이라고 한다. Fossil은 라틴 어 fossilis에서 기인된 말로, '땅 속에서 파낸 물건'을 뜻한다. 이 정의에 따라 중세에는 지하에서 파낸 암석, 광물 등도 화석에 포함됐지만, 18세기 후반부터는 오로지 지질 시대 동안에 살았던 생물의 유해나 흔적만을 화석이라 부르게 됐다. 보통, 화석은 암석 속에서 발견되지만, 나무의 진이 굳어진 호박이나 얼음 속에서도 관찰되며 미라 상태로 남기도 한다.

화석은 크게 신체 화석(body fossil)과 생흔 화석(trace fossil)으로 구분된다. 신체 화석은 생물의 원래 몸의 전부나 일부가 화석화된 것으로 대개의 경우 생물의 단단한 부분이 보존된다. 그러나 드물게 생물의 부드러운 부분이 보존되기도 한다. 기록에 따르면, 시베리아와 알래스카의 얼음 속에서 발견된 매머드 화석은 발견 당시 전혀 부패되지 않은 채 완전한 골격을 유지하고 있었으며, 흉부에는 혈액이 굳은 채로 있었고, 살점은 데리고 간 개가 먹을 수 있을 정도로 신선했다고 한다. 생흔 화석은 생물의 생활 흔적이나 생존 활동에 의해 형성된 유기 구조가 퇴적물 속에 남아 있는 것이다. 동물이 남긴 발자국, 배설물이 화석화된 분석(糞石), 그리고 소화를 돕기 위해 위 속에 넣은 돌인 위석(胃石) 등이 생흔 화석에 속한다.

인간이 화석에 관심을 기울이게 된 것은 언제부터일까? 그것은 아마도 인간이 생각할 줄 아는 단계에 이르면서였을 것이다. 사실, 지금으로부터 약 20만 년 전에 생각하는 인간인 호모 사피엔스가 출현하기 전에도 화석은 인류의 조상과 더불어 있었을 것이다. 아마도, 오늘날 인류의 조상이 산책을 하거나 수렵을 하는 중에, 또는 땅을 파헤치는 과정 중에 우연히 화석을 발견했을 것이다. 그러나 인류의 조상이 발견한 화석이 그들에게 의미를 갖게 되기 시작한 것은 호모 사피엔스가 출현한 이후로 여겨진다. 선사 시대의 동굴이나 유적에서는 부장품으로 종종 산호와 복족류 화석이 몸에 지닐 수 있게 구멍이 뚫어져 있는 상태로 발견된다. 그만큼 생물이 화석으로 보존되기는 어렵다.

어떻게 화석으로 보존될까?

오늘날 지구상에는 약 170만 종의 생물이 살고 있는 것으로 알려져 있고, 매년 1만 5000종 이상의 동, 식물이 새로 발견되고 있지만, 지금까지 발견된 화석은 약 13만 종에 불과하다. 그만큼 생물이 화석으로 보존되기는 어렵다.

일반적으로, 생물이 죽은 경우에 그들은 바로 부식 생물이나 세균의 공격을 받아 살이 뜯겨지고 분해되어, 보통 1~2주 이내에 시체에서 살점은 사라지게 된다. 만일 죽은 생물이 단단한 껍질이나 골격을 가지고 있는 경우에 이 껍질이나 골격은 당분간은 남아 있게 되는데, 이들도 시간이 흐르면서 대기, 물 등의 작용에 의해 점차 부서지고 마모되기 마련이다. 따라서 생물의 유해가 화석으로 보존되기 위한 가장 좋은 조건은 죽은 생물이 바로 퇴적물에 묻혀서 대기, 물 등에 의한 풍화 작용을 받지 않는 것이다. 지난 6억 년 동안 지구상에 살았던 동식물이 약 9억 8000만 종으로 추정되는데 비해, 지금까지 기록된 화석이 약 13만 종을 넘지 못한다는 사실은 생물이 화석으로 보존되기가 얼마나 어려운지를 잘 보여 준다.

생물이 죽어서 화석으로 변하는 과정을 살펴보자. 일차적으로, 생물이 죽으면 육상의 지표면이나 바다 속 해저에 놓이게 된다. 지표면이나 해저에 놓인 생물은 바람이나 물 등에 의해 주변의 퇴적물과 같이 퇴적물이 쌓이는 장소로 이동하거나, 퇴적물이 쌓이는 곳에 놓인 생물의 경우 이동되어 온 퇴적물에 의해 덮이게 된다. 시간이 흐르면서 생물을 덮은 퇴적물의 두께는 점점 두꺼워지고, 퇴적물 내에 함유되어 있는 물 속의 무기물에 의해 생물 사체를 구성하고 있던 불안정한 성분은 안정한 성분으로 변화하게 된다. 즉 생물은 단단해지게 된다. 이처럼, 생물의 사체가 퇴적물 속에 묻혀서 주변의 퇴적물과 함께 단단해지는 과정을 '화석화 과정'이라고 한다.

　생물의 몸이 화석화될 경우, 대개 생물의 연한 부분은 화석으로 남기 어렵다. 그러나 간혹 생물의 연한 부분까지 보존된 화석이 발견되기도 한다. 나무가 상처를 입었을 때 나오는 수액에 갇혀 화석으로 보존된 곤충의 경우나 시베리아의 동토 속에 보존된 매머드 같은 경우가 그 예이다. 영화 「쥐라기 공원」의 기본 바탕이 호박(나무의 수액)에 갇힌 중생대의 곤충에서 공룡의 DNA를 채취해 공룡을 되살려 낸다는 사실은 잘 알고 있을 것이다. 이것은 포유류와는 달리 파충류의 피에는 핵이 있는 적혈구가 존재하기 때문에 가능한 설정이다. 그러나 시베리아에서 발견된 연체부를 지닌 매머드 화석처럼 생물의 연체부가 보존된 경우는 극히 드물며, 대개의 경우 생물체의 단단한 부분인 껍질, 골격, 이빨 등이 화석으로 남게 된다.

　생물의 몸을 이루는 단단한 요소인 이빨과 골격 중 어느 것이 더 쉽게 화석화될까? 이빨을 구성하는 성분은 주로 에나멜질, 상아질, 시멘드질이고 골격은 주로 석회질로 이루어져 있다. 이들 성분을 구성하는 결정의 간격을 비교해 보면, 에나멜질>상아질>시멘트질 또는 석회질의 순서다. 즉 에나멜질이나 상아질은 시멘트질이나 석회질보다 결정의 간격이 조밀하고 화학적으로 안정하기 때문에 상대적으로 풍화에 강하다. 이 같은 사실은 이빨이 골격보다 상대적으로 덜 부서지며 화석으로 더 잘 보존될 수 있음을 의미한다.

화석을 포함하는 암석

　우리는 주변에서 다양한 암석을 만난다. 이 무수히 많은 암석들은 각자 자신의 고유한 이름을 가지고 있다. 사암, 역암, 편암, 편마암, 화강암, 현무암……. 그러나 이 암석들을 좀 더 단순히 나눈다면 암석이 형성된 원인에 따라 크게 화성암, 퇴적암, 변성암의 세 종류로 나눌 수 있다. 즉 지구상에 존재하는 모든 돌들은 화성암, 변성암 또는 퇴적암 중 어느 하나에 속한다.

　퇴적암은 이미 존재하는 암석이 지표에서 풍화, 침식을 받고 이들이 바람이나 물 등에 의해 다른 곳으로 운반, 퇴적되어 굳어진 암석으로 지표면과 바다에서 형성된다. 지구상에는 많은 암석들이 존재한다. 이 암석들은 지구의 다양한 환경 속에 노출되어 있으며 환경의 영향을 지속적으로 받아 오랜 시간이 지나면 암석을 구성하는 입자가 조금씩 부서지게 된다. 예를 들어, 액체인 물이 기온의 변화를 받아 고체인 얼음으로 변하면, 부피가 커진다는 것은 다들 알고 있을 것이다. 암석의 틈 사이에 스며든 물은 기온이 하강하면 고체인 얼음으로 변하며, 이런 과정이 반복되어 암석의 틈을 더욱 벌어지게 만들며 마침내 암석의 입자와 입자를 분리한다. 이렇게 분리된 입자들은 바람이나 물에 의해 다른 곳으로 운반되어 쌓이고, 굳어지게 된다. 이렇게 굳어진 암석을 퇴적암이라고 한다. 퇴적암은 지구 환경의 영향을 받을 수 있는 지표 부근에 한정되어 나타나며 지하 깊숙한 곳에는 거의 존재하지 않는다.

먼 옛날에 살았던 생물이 화석으로 바뀌기 위해서는, 먼저 죽은 생물 위에 모래나 흙이 쌓인 뒤 오랜 시간이 흐르면서 함께 굳어져야 한다. 이렇게 흙이나 모래가 쌓여서 굳어진 암석을 퇴적암이라고 하니까, 화석은 퇴적암에서 발견된다. 대부분의 화석은 퇴적암에서 발견되지만, 드물게 변성암이라는 암석에서도 발견된다. 변성암은 열이나 압력에 의해 성분이나 조직이 변한 암석이므로, 퇴적암이 열이나 압력을 적게 받은 경우 변성암 속에 화석이 남아 있기도 한다.

주변의 암석이 어떤 종류에 속하는지 알게 되면, 우리는 어느 지역의 지표를 구성하는 암석의 종류와 분포를 보여 주는 지도를 작성할 수 있다. 이런 지도를 지질도라고 한다. 지질도에는 암석의 종류뿐만 아니라 암석이 형성된 시기도 기록되어 있다. 암석이 아주 먼 옛날에 생성된 퇴적물인지 아니면 그 이후에 형성된 퇴적물인지 어떻게 알 수 있을까? 그것은 암석에서 산출되는 화석의 종류로 암석이 형성된 시기를 알아낼 수 있다. 긴 지질 시대 동안에 쌓인 퇴적암에서 산출되는 화석 생물의 내용은 변화하므로 서로 다른 시기에 쌓인 퇴적암에서 산출되는 화석의 종류도 틀리다. 즉 우리가 흔히 ‘삼엽충의 시대’ 또는 ‘공룡의 시대’를 말하는 것처럼 대개의 화석 생물은 한 시대에 국한되어 살았으며, 시간이 흐르면서 다른 생물로 진화해 나갔다.

우리는 주변에서 다양한 암석을 만난다. 이 암석들이 화석을 포함하고 있는지를 알기 위해서는 먼저 암석의 종류를 정확히 판별해야 한다. 만약, 퇴적암으로 판별됐다면 생물의 유해나 흔적을 찾아보자.

화석 발굴

고생물학(Paleontology)은 화석을 연구하는 학문이며, 화석을 연구하는 학자를 고생물학자(Paleontologist)라고 한다. 화석을 연구하기 위해서는 먼저 연구 대상인 화석을 암석에서 발굴해 내야 한다.

오늘날 지구상에는 크기가 1밀리미터도 안 되는 작은 생물부터 수십 미터의 크기를 가지는 거대한 생물까지 다양한 생물이 살고 있다. 과거 지구상에 살았던 생물들도 오늘날 지구상에 살고 있는 생물들과 마찬가지로 다양한 크기를 가지고 있었다. 따라서 화석의 크기도 다양하다. 과거 지구상에 살았던 생물 중 크기가 가장 큰 종류는 아마도 공룡일 것이다. 기록에 따르면 어떤 공룡은 길이가 30미터 이상이었고 무게는 수십 톤에 달했다고 한다. 반면에 어떤 생물은 눈으로는 관찰이 불가능해 현미경을 이용해야 형태를 알아볼 수 있을 정도로 크기가 작았으며, 더 작은 것은 전자 현미경처럼 고배율로 관찰할 수 있는 현미경을 이용해야 겨우 윤곽을 알아볼 수 있었다. 이런 화석은 나노(nano) 단위의 크기를 가지고 있기 때문에 나노 화석으로 불리기도 한다. 1나노미터(1nm)가 10억분의 1미터니까 나노 단위로 표현되는 화석의 크기가 얼마나 작은지 짐작할 수 있을 것이다.

암석 속에는 다양한 크기를 갖는 화석이 포함되어 있다. 어떤 암석은 눈으로 윤곽을 알아볼 수 있을 정도로 크기가 큰 화석을 포함하고 있으며, 다른 암석은 눈으로 구별이 불가능한 크기가 작은 화석을 포함하고 있기도 하다. 또는 다양한 크기의 화석이 한 암석에 포함되어 있기도 하다. 암석은 과거에 살았던 생물의 유해나 흔적을 포함하고 있는 마법의 상자와 같다. 마법의 상자를 열기 위해서는 각각의 상자에 알맞은 열쇠가 필요하다. 화석은 화석의 크기와 화식을 포함하는 암석의 성질에 따라 다양한 방법으로 발굴된다.

먼저, 공룡의 골격처럼 크기가 큰 화석을 발견한 경우 발견된 화석을 무사히 연구실로 옮기는 게 중요하다. 화석의 크기가 큰 경우 잘못하면 골격이 부러지거나 파손되기 쉽다. 따라서 발견된 골격에 석고를 입혀서 안전하게 연구실로 옮긴다. 눈으로 확인할 수 있는 비교적 작은 화석을 발견하고자 하는 경우에는, 해머를 이용해 퇴적암을 세밀히 쪼개고 쪼갠 면에 생물의 유해나 흔적이 남아 있는지 루페 등을 이용해 자세히 관찰한다. 이때 주의해야 할 점이 한 가지 있다. 암석을 쪼갤 경우에는 옛날에 모래나 진흙 등이 쌓인 방향으로 쪼개야 한다! 옛날에 살다가 죽은 생물은 모래나 진흙이 쌓이는 곳으로 운반되어 점차적으로 모래나 진흙에 묻힌 뒤 시간이 흐르면서 함께 굳어지기 때문이다. 만일, 쌓인 순서에 비스듬하거나 직각인 방향으로 암석을 쪼갠다면 화석이 발견될 가능성은 훨씬 줄어든다. 화석을 발견하기 위해서는 암석이 쌓인 방향으로 쪼개야 한다는 것을 기억하자.

눈으로 관찰이 불가능한 작은 화석들은 어떻게 발굴할까? 이런 경우에는 화석을 감싸고 있는 모래나 진흙 입자 등을 물리적이거나 화학적인 방법으로 제거해야 한다. 즉 암석을 잘게 부수거나 화학 약품으로 녹여서 화석과 분리한다. 육상에서 모래나 흙이 굳어져 만들어진 암석은 주로 규산(SiO_2)을 많이 함유하고 있다. 규산은 불산(HF, 플루오르화수소산)에 녹는다. 따라서 육상에서 형성된 암석에 포함되어 있는 화석을 얻기 위해서는 암석 입자를 불산으로 녹인 뒤 남은 잔류물에서 화석을 찾는다. 예를 들어, 식물들은 포자나 화분(꽃가루)으로 번식하며, 육지에서 형성된 암석에는 우리 눈에 보이지 않는 많은 포자나 화분이 포함되어 있다. 따라서 육상에서 형성된 암석을 불산으로 녹이면 포자나 화분 화석을 얻을 수 있다.

반면에, 바다 속에서는 주로 탄산칼슘$(CaCO_3)$이 쌓여서 석회암이라는 암석을 만든다. 석회암은 염산(HCl)에 녹는다. 따라서 석회암을 염산으로 녹인 뒤 남은 잔류물을 자세히 관찰하면 바다 속에서 살던 생물의 유해나 흔적을 얻을 수 있다.

유명한 화석 산지

보존이 잘 된, 전 세계적으로 유명한 화석 산지를 Lagerstätten이라고도 부르는데, 유명한 화석 산지를 시대별로 알아보면 다음과 같다.

1. 에디아카라 화석군(선캄브리아시대) 오스트레일리아 플린더스 산맥

에 있는 에디아카라 언덕에서는 약 5억 7만 년 전에 얕은 바다에서 살았던 다세포 동물 화석들이 풍부히 발견되고 있다. 이 화석군은 오늘날의 해파리, 절지동물, 극피동물, 강장동물 등과 관계가 있는 것으로 여겨지며, 기묘한 모양을 하고 있었으며, 골격을 지니고 있지 않았다.

2. 버제스셰일 화석군(캄브리아기) 캐나다 브리티시컬럼비아 주 버제스 산에서는 약 5억 년 전에 살았던 골격을 갖거나 또는 갖지 않는 기묘하고 독특한 모양을 갖는 125속의 생물이 발견됐다. 이 생물들은 얕은 탄산염 대지 위에 살았었는데 갑작스러운 사태에 의해 갑작스럽게 매몰됐기 때문에 잘 보존될 수 있었다.

3. 마존(Mazon) 절벽 화석군(석탄기) 미국 일리노이 주에 있는 마존 절벽은 350종 이상의 식물, 140종 이상의 곤충 그리고 100종 이상의 육상 동물 화석이 묻혀 있는 석탄기의 퇴적물이다. 큰 강의 어귀에 살았던 생물들이 홍수에 의해 갑작스럽게 묻혔기 때문에 잘 보존될 수 있었다.

4. 조른호펜 석회암 화석군(쥐라기) 독일의 조른호펜 채석장에서는 곤충, 절지동물, 시조새 등을 포함해서 600종 이상의 화석이 발견됐다. 쥐라기에 이 지역은 수심이 얕은 석호였다. 이 석호는 해류로부터 격리되어 있어서 물의 흐름이 없이 정체되어 있었고, 염도가 높았으며, 탄소 생산성은 낮았다.

5. 메셀 화석군(에오세) 독일의 메셀 채석장에서는 신생대 에오세에 살았던 영장류, 말, 박쥐, 설치류, 악어, 어류, 식물 등이 발견된

다. 약 4900만 년 전에 이곳은 호수였다. 오늘날 열대에서만 자라는 60여 개의 현화식물들이 발견됐는데 이로 미루어보아 당시 기후는 따뜻했을 것으로 추정된다.

실내 작업

발견된 화석은 부서지기 쉽기 때문에 조심스럽게 다루어야 한다. 부피가 큰 화석을 발견했을 경우에는 발견된 화석이 손상되지 않게 석고를 덧입혀서 연구실로 운반한다. 야외에서 채집한 크기가 작은 화석들은 종이나 휴지로 충분히 감싸서 운반 중에 손상되는 것을 막는다. 실제, 야외에서 발견된 화석은 굳은 모래나 진흙이 화석을 덮고 있어서 화석의 모양이 완전히 드러나지 않은 경우도 많다. 이 경우 연구실로 운반된 표본은 적절한 도구를 이용해 화석을 덮고 있는 퇴적물을 제거해야 한다.

주로 연마기, 끌, 정 등을 이용해 불필요한 퇴적물을 제거한다. 이 작업은 화석에 대한 지식과 세밀한 주의가 필요하다. 화석을 덮고 있는 퇴적물 입자들이 하나둘 제거되면서 먼 과거에 살았던 생물의 모습이 드러나게 된다.

눈으로 관찰이 불가능한 아주 작은 화석의 경우, 물리적·화학적 방법을 이용해 암석 속에 포함되어 있는 화석을 분리한다. 발굴된 화석은 스케치를 하거나 사진기로 촬영해 정확한 이미지를 얻는다.

화석 이름은 어떻게 짓나?

오늘날 지구상에는 무수히 많은 생물이 존재하며, 이 생물들은 각자의 고유한 이름을 가지고 있다. 아마, 먼 옛날에 지구상에 살았던 생물들도 그들만의 이름을 가지고 있었을 것이다.

종(species)은 원래 '특이한 종류(particular kind)'를 의미하는 말이다. 즉 생물 상호 간의 유사점과 차이점을 근거로 서로 구별되는 종류를 의미하며, 생물을 분류하는 기본 단위로 쓰이고 있다. 종은 크게 형태학적 종, 생물학적 종, 그리고 진화적 종으로 구분된다.

린네에 의해 종의 개념이 제안된 1700년대에는 주로 형태학적인 특징에 근거해 종을 구별했으며, 동일한 종의 형태적인 특징은 같으며 영원히 변치 않는 것으로 생각했다. 즉 형태가 조금만 달라도 다른 종으로 생각한 것이다. 최근까지도 이러한 형태적 종의 개념은 많은 과학자들 사이에 타당한 방법으로 인식되기도 했다. 일례로 1942년에 미국의 유명한 연구 기관인 스미스소니언 연구소 소속의 한 과학자는 표본들의 형태가 모두 다른 것을 근거로, 하나의 표본으로 하나의 종을 제안해 1년에 100개의 종을 제안한 경우도 있다. 그러나 실제로 동일한 종류에 속하는 생물도 성(sex)에 따라, 나이에 따라, 또 지역에 따라 다른 형태를 갖기도 한다는 것이 알려지게 되면서 동일한 종류에 속하는 생물도 형태적 변이를 가진다는 것을 알게 됐다. 여성과 남성은 신체적 형태가 틀리지만 같은 종에 속한다는 것은 쉽게 알 수 있을 것이다.

먼 옛날에 살았던 생물들은 생물들이 교배해 자손을 번식시키는 것을 직접 관찰할 수 없기 때문에 일반적인 생물학적 종의 개념을 대입할 수 없다. 또한 암수의 성에 따른 형태적 차이나 개체 발생에 따른 생물의 변화 양상을 알기도 어렵다. 따라서 화석의 경우 종은 형태적인 차이를 바탕으로 구분한다. 따라서 어느 정도의 형태적인 차이(변이)를 동일종에 속하는 변이로 여길 것인가를 판단하는 것이 중요하다.

1758년 스웨덴의 린네는 생물을 체계적으로 분류해 이름을 붙이는 방법을 제안했는데, 이 방법을 이명법이라고 한다. 이명법은 생물의 이름을 속(genus)과 종(species)의 두 단어로 부르는 방법이다. 이때 속명과 종명은 라틴 어나 라틴 어화된 그리스 어로 기재하며, 대개 속명은 명사이고 종명은 속명을 형용하는 형용사로 되어 있다. 속명과 종명은 이탤릭체로 쓰거나 밑줄을 그어서 쓴다. 서로 관련이 깊은 종들은 서로 묶어서 동일 속을 설정하게 되며, 서로 관련이 깊은 속들은 서로 묶어서 동일 과(family)를 설정한다. 이렇게 해 계통적으로 상위 단위인 목(order), 강(class), 문(phylum 또는 division), 계(kingdom)를 설정할 수 있게 된다. 예를 들어, 사람의 이름은 호모 사피엔스(*Homo sapiens*)이다. 먼 옛날에 살았던 생물인 화석도 이명법에 따라 이름을 지으며, 예를 들어 은행나무에게는 징코 바일로바(*Ginkgo biloba*)라는 이름을 붙여 주었다.

이러한 분류 체계는 지난 200년 동안 써 온 분류 체계로, 쉽게 말하면 겉으로 보기에 비슷한 것끼리 묶는다고 생각할 수 있다. 그러나 여기에는 생물의 연관 관계가 잘 드러나지 않아서 최근 들어 새로운 분류 방법이 제안되고 있다. 즉 예전의 분류법에 따르면 새는 새와 묶여야 하고, 파충류는 파충류와 묶여야 하지만 요즘에는 새하고 파충류가 같이 묶여야 한다고 생각하고 있다. 오늘날, 새는 공룡(파충류)의 후예로 생각되고 있기 때문이다.

모형 화석 만들기

일반적으로 먼 옛날에 살았던 생물들이 화석으로 보존되기는 쉽지 않다. 더욱이 암석 속에 숨어 있는 화석들을 발견하기 위해서는 많은 조사와 노력이 필요하다. 따라서 청소년들이나 일반인들이 화석을 직접 발굴하거나 접하기는 쉽지 않다. 그러나 모형 화석을 만들어 본다면 화석의 형성 과정을 이해할 수 있을 뿐만 아니라 직접 만든 멋진 화석을 가질 수 있다.

라텍스나 석고를 이용한 모형 화석 만들기 라텍스(latex)나 석고를 이용해 화석의 캐스트(cast)와 모형을 만들 수 있으며, 이 과정을 통해 화석이 형성되는 과정을 이해하고 캐스트와 몰드(mold)를 구별하는 능력을 기를 수 있다. 일반적으로 화석의 외형 몰드만 남아 있거나 내부 구조를 관찰하고 싶을 때, 라텍스(또는 석고)를 이용해 화석의 캐스트를 만든다. 만드는 방법은 아래와 같다.

① 석고를 이용할 경우: 비커에 적당량의 물을 넣은 후, 석고가루를 넣고

막대로 저어 반죽을 만든다.

② 화석의 표면을 물로 씻거나 불어내어 먼지를 제거해 깨끗하게 만든다.

③ 암질에 따라 물이나 식용유를 얇게 발라 주는 것도 좋다.

④ 표본의 수평을 유지한 채 라텍스(석고 반죽)를 적당한 두께로 화석의 몰드 위쪽으로 발라 준다. 이 때 캐스트에 기포가 생기지 않도록 유의한다.

⑤ 라텍스(석고 반죽)를 실온에서 건조시킨다.

⑥ 라텍스(석고 반죽)가 완전히 마르면 이를 표본에서 떼어내고 관찰한다.

또한 라텍스(석고)로 실제 화석과 똑같은 모형 화석을 만들 수 있으며 아래와 같은 순서로 모형 화석을 만든다.

① 라텍스나 석고로 캐스트를 만드는 과정의 ①~⑤를 실행한다.

② 만들어진 캐스트에 물이나 식용유를 얇게 발라 준다.

③ 새로운 라텍스(석고 반죽)를 부은 후, 새로 부은 라텍스(석고 반죽)가 완전히 굳으면 모형 화석을 떼어낸다.

FRP를 이용한 모형 화석 만들기 과학관이나 동물원에서는 모형으로 만들어진 공룡이나 현생 동물들이 전시되어 있다. 이 모형들은 주로 야외에 설치되어 있는데, 견고해야 하기 때문에 FRP(유리 섬유 강화 플라스틱)라는 재료를 이용해 제작하고 있다. FRP를 이용한 모형 화석 제작 과정은 크게 4단계로 나뉜다.

① 조소 작업 단계: 먼저, 선행 조사를 통해 작업에 필요한 내용을 분석
한 뒤, 만들고자 하는 화석의 골격 구조에 따라 H빔이나 각 파이프를
이용해 골격 구조를 잡고, 스티로폼이나 기타 재료를 이용해 속을 채
운 뒤, 화석 형태를 고려하며 점토를 입힌다.

② 몰드 및 원형 작업 단계: 조소되어진 화석 형태 위에 실리콘 수지, 불
포화폴리에스테르수지, 석고 등을 이용해 몰드 작업을 한다. 화석의
크기가 큰 경우, 해체 또는 결합이 용이하도록 몰드 작업 시 크기 및
형태의 쪽을 구분한다. 몰드가 완전히 경화되고 나면 몰드에 쪽 번호
를 부여하고 하나씩 해체 작업을 한다.

③ 성형 작업: 쪽의 내부면에 이형제(왁스 등)를 골고루 바르고 겔코트 수
지, 불포화폴리에스테르 수지 등을 도포하고, 유리 섬유(매트)를 적층
한다.

④ 도색 작업: 화석의 표면에 대한 연마 작업 후 우레탄을 사용해 도포
한 뒤, 자외선으로부터 보호하기 위해 UV 코팅을 한다.

이와 같은 방법으로 모형 화석을 제작한다. 모형 화석 제작을 통
해 화석이 형성되는 과정을 이해할 수 있으며, 또한 도색 작업을 통
해 화석의 피부색을 맘껏 입힐 수 있다.

1. 앤드류 놀, 김명주 옮김, 『생명 최초의 30억 년』(뿌리와이파리, 2007년)

원시 지구에 최초의 생명이 탄생한 이후부터 캄브리아기 생명대폭발이 일어나기 전까지 30억년 동안 생명의 진화과정을 탐구하고 있다. 초기 원시 지구는 마그마의 바다 상태에서 시작해 무수히 많은 지각변동, 해양 및 대기 변화를 겪어 왔다. 이 과정 중에 탄생한 지구 최초의 생명인 원핵생물은 산소를 발생시켜 대기를 변화시켰고 마침내 진핵생물로 진화할 수 있었다.

2. 스티븐 제이 굴드, 김동광 옮김, 『생명, 그 경이로움에 대하여』(경문사, 2004년)

버제스셰일에서 발견된 화석들을 둘러싼 80년간의 연구 과정을 소개하고 있다. 최초의 발견자인 월컷의 전통적인 해석과 이후 연구자의 기존의 틀을 깨는 관점과 새로운 해석에 대한 분석을 통해 생명과 진화에 대한 새로운 해석을 하고 있다. 즉, '진화는 짧은 시기에 폭발적으로 일어나 긴 시간을 거치면서 안정화'되며, '진화는 근본적으로 우연의 놀이'라고 주장한다.

3. 데릭 브릭스, 더글라스 어윈, 프레더릭 콜리어, 김동희 옮김, 『버제스세일 화석군』 (나남, 2010년)

35억 년 생명의 역사 중 가장 중요한 캄브리아기의 생명 대폭발의 기록을 다루고 있다. 즉, 버제스 셰일에서 발견된 생물 125속 중 대표적인 85속의 화석들을 사진, 복원도 및 간략한 특징을 이용해 설명하고 있는데, 이것은 전문적인 연구 보고서 이외의 출판물 중 가장 광범위하게 버제스세일 생물들을 다룬 것이다. 또한 화석 전문가를 위해 학명, 화석을 최초로 기재한 저자와 날짜, 박물관이 부여한 표본 번호, 개체의 크기, 복원도를 그린 아티스트 이름, 버제스 셰일 화석군 중 해당 생물군의 비율, 산출 장소, 기재된 장소 및 참고 문헌 등이 소개되어 있다.

4. 앤드루 파커, 오숙은 옮김,『눈의 탄생』(뿌리와이파리, 2007년)

캄브리아기 생물 대폭발이라고 불리는 생명의 대번성을 그의 독창적인 이론인 '빛 스위치' 이론을 중심으로 설명하고 있다. 먼저 저자는 캄브리아기의 생물 대폭발을 캄브리아기에 이르러 '모든 동물들이 갑작스럽게 진화'하여 출현한 것이 아니라, 이미 존재하던 동물문들이 갑자기 특징적이고 복잡한 겉모습을 띠게 된 사건으로 재해석하고 있다. 또한 캄브리아기 초에 동물들이 눈을 획득하게 되면서 포식자와 먹이 종 사이의 관계가 형성되고, 먹이 종은 방어를 위해 특징적인 딱딱한 껍질을 진화시키는 방식으로 진화가 이루어졌다고 주장한다. 이것이 '빛 스위치' 이론이다.

5. 마이클 J. 벤턴, 류운 옮김,『대멸종』(뿌리와이파리, 2007년)

지구 40억 년의 역사 동안 일어난 5번의 대량 멸종, 그중에서도 가장 참혹했던 페름기 대멸종에 대해 집중적으로 다루고 있다. 페름기 대멸종을 통해 90퍼센트 이상의 생물이 멸종했다고 한다. 페름기 대멸종의 원인으로는 운석 충돌 같은 외부적 요인이 아닌, 시베리아의 화산 활동, 지구 온난화, 이산화탄소와 메탄의 대기 중 방출 등 내부적 요인들이 복합적으로 작용해 대멸종이 발생됐다고 주장하고 있다.

6. 리처드 도킨스, 이한음 옮김, 『조상 이야기: 생명의 기원을 찾아서』(까치글방, 2005년)

인간에서부터 시작해서 시간을 거꾸로 거슬러 올라가는 방식으로 생명의 기원을 탐구하고 있다. 즉 인류는 침팬지, 고릴라, 오랑우탄, 긴팔원숭이 등의 순서대로 인류와 가장 가까운 종들과 차례로 합류하는데, 저자는 이 합류 지점을 '랑데부'라고 부른다. 랑데부 1인 침팬지부터 랑데부 39인 진정세균까지 설명하고 있다.

7. 리처드 포티, 이한음 옮김, 『생명: 40억 년의 비밀』(까치글방, 2007년)

생명의 탄생부터 인류의 탄생까지 생명 진화의 역사를 그와 관련된 자전적인 이야기를 덧붙여서 함께 소개하고 있다. 저자는 이 책에서 한 생물 종의 번성과 멸망이 생존에 적합한 형질의 유무보다도 우주적·지질학적인 우연적 요소에 더 지배된다고, 즉 "어떤 특성들이 나중에 선호될지 미리 알기란 불가능하며, 생명의 이야기를 끌고 나가는 일에 희생자들보다 생존자들이 반드시 더 적합했다고 볼 수도 없다."라고 주장한다.

8. 칼 짐머, 이창희 옮김, 『진화: 시간의 강을 건너온 생명들』(세종서적, 2004년)

2001년 미국 PBS TV가 7회에 걸쳐 방영한 다큐멘터리 「진화」의 참고 도서로 출간된 책이다. 진화론의 탄생과 의미, 생명의 기원과 유전자의 역할, 대량 멸종, 공진화, 성의 진화 등 진화론과 관련된 다양한 주제들을 체계적으로 설명하고 있다. 더 나아가 진화의 관점에서 본 생물의 역사 및 사회 생물학, 인간 언어의 기원, 진화 심리학의 연구 결과 및 이슈, 도킨스가 밈(meme)이라고 말한 문화 자체의 진화, 과학과 종교의 공존 가능성 등에 대해서도 다루고 있다.

9. 리처드 포티, 이한음 옮김, 『살아 있는 지구의 역사』(까치글방, 2005년)

지구에서 일어나는 다양한 지질학적 현상들을 그 현상이 관찰 가능한 지역과 함께 여행 개념을 도입하여 소개하고 있다. 즉 지질학이 시작된 나폴리에서 시작해 새로운 섬이 탄생하고 소멸하는 하와이, 지각이 탄생하는 아이슬란드, 아프리카판과 유라시아판의 충돌에 의한 알프스 산맥의 형성, 캘리포니아의 샌안드레이어스 단층을 거쳐 다시 나폴리로 돌아와 끝난다. 지구에서 일어나는 다양한 변화가 우리 인간의 삶을 어떻게 바꾸었는지도 일관되게 보여 주고 있다.

10. 박정웅, 『화석, 오래된 내 친구야』(꿈소남이, 2003년)

새, 곤충, 식물, 화석, 갯벌, 늪, 천체, 숲 관련 전문가들이 탐사지로 직접 찾아가는 자연 학습서인 「동아사이언스 생생탐사 시리즈」로 출간된 책이다. 주말과 방학 등 여가를 이용해서 지역별로 삼엽충, 공룡 발자국, 공룡 알 등 다양한 화석 및 지질 탐사를 수행할 수 있도록 구성됐으며, 탐사지의 특성, 탐사 포인트, 탐사지 가는 길 등이 자세히 설명되어 있다. 한반도에서 살았던 과거의 생물들을 발견할 수 있도록 알려 주는 멋진 탐구 가이드북이다.

11. 제임스 루어 외, 김동희 외 옮김, 『지구』(사이언스북스, 2006년)

지구의 역사에서부터 지구의 구조에 이르기까지 지구에 대한 거의 모든 정보를 담고 있는 책이다. 열대 우림 지대에서 남북극의 빙하 지대까지, 하늘에서 해저 수천 미터 해구까지 아름다운 그림과 사진을 통해 전 세계를 여행하는 듯한 지적 즐거움과, 더불어 지구를 이해하고 사랑하게 만드는 책이다.

가 볼 만한 곳들

국립중앙과학관
대전광역시 유성구 대덕대로 481번지
http://www.science.go.kr

국립과천과학관
경기도 과천시 상하벌로 110번지
http://www.scientorium.go.kr

국립서울과학관
서울특별시 종로구 창경궁로 113번지
http://www.ssm.go.kr

강화은암자연사박물관
경기도 강화군 송해면 양오리 632-4번지
http://cafe.daum.net/eunammuseum

경보화석박물관
경상북도 영덕군 남정면 원척리 267-9번지
http://www.fossilmuseum.com

경북대학교 자연사박물관
경상북도 군위군 효령면 장군리 190-2번지
http://mnh.knu.ac.kr

경희대학교 자연사박물관
서울특별시 동대문구 회기동 1번지
http://nhm.khu.ac.kr

계룡산자연사박물관
충청남도 공주시 반포면 학봉리 511-1번지
http://www.krnamu.or.kr

고성공룡박물관
경상남도 고성군 하이면 자란만로 618번지
http://museum.goseong.go.kr

동해고래화석박물관
강원도 동해시 망상동 360-5번지
http://www.dhsisul.org

목포자연사박물관
전라남도 목포시 남농로 135번지
http://museum.mokpo.go.kr

문경석탄박물관
경상북도 문경시 가은읍 왕릉길 112번지
http://www.coal.go.kr

방원공룡박물관
전남 순천시 별량면 대곡리 742-1번지
http://www.dinomuseum.co.kr

보령석탄박물관
충청남도 보령시 성주면 개화리 114-4번지
http://www.1stcoal.go.kr

부산해양자연사박물관
부산광역시 동래구 온천1동 우장춘로 175번지
http://sea.busan.go.kr

서대문자연사박물관
서울특별시 서대문구 박물관길 25번지
http://namu.sdm.go.kr

오남공룡체험전시관
경기도 남양주시 오남읍 팔현리 134-1번지
http://www.dinopark.co.kr

우석헌자연사박물관
경기도 남양주시 진접읍 내각리 587번지
http://www.geomuseum.org

우항리공룡박물관
전남 해남군 황산면 공룡박물관길 184
http://uhangridinopia.haenam.go.kr

익산보석박물관
전라북도 익산시 왕궁면 호반로 8번지
http://www.jewelmuseum.go.kr

이화여자대학교 자연사박물관
서울특별시 서대문구 이화여대길 52번지
http://nhm.ewha.ac.kr

제주공룡랜드
제주특별자치도 제주시 애월읍 광령리
2677-1번지
http://www.jdpark.co.kr

제주특별자치도 민속자연사박물관
제주특별자치도 제주도 삼성로 46번지
http://museum.jeju.go.kr

제주화석박물관
제주특별자치도 서귀포시 표선면 하천리
357-1번지
http://www.jejufossil.co.kr

지질박물관
대전광역시 유성구 과학로 92번지 한국지질
자원연구원
http://museum.kigam.re.kr

창조자연사박물관
경기도 시흥시 신천동 184-1번지
http://www.cjmuseum.net

천연기념물센터
대전광역시 서구 만년동 유등로 927번지
http://www.nhc.go.kr

청주어린이회관
충북 청주시 상당구 명암동
http://www.cjuland.co.kr

충남대학교 자연사박물관
대전광역시 유성구 궁동 220번지
http://nhm.cnu.ac.kr

태백고생대자연사박물관
강원도 태백시 태백로 2249번지
http://paleozoic.go.kr

태백석탄박물관
강원도 태백시 천제단길 195번지
http://www.coalmuseum.go.kr

포항바다화석박물관
경북 경주시 천군동 130번지
문의전화: 054-742-8806

한남대학교 자연사박물관
대전광역시 대덕구 한남로 70번지
http://hnu.naris.go.kr

찾아보기

가
각룡류 142~144
거짓 화석 238~244
검룡류 141~142
겉씨식물 95
격변설 269
경골어류 86
고생대 생물군 84~85
곡룡류 141~142
곤드와나 108
곤충 80~83
골디락스 가설 129~130
공자새 153
광합성 36~38, 40, 42, 89
구달, 제인 236
굴드, 스티븐 제이 299~301
그레고리, 윌리엄 228
그리파니아 스피랄리스 41
그린버그, 리처드 253
극교류 86
글로스프테리스 110
김항묵 166
꽃돌 213~214, 216

나
나무늘보 204
남세균 36~40, 89
냉혈 동물 128~129
네안데르탈인 232~237
노목 92
녹조류 91
뉴웰, 스터브 239
니웨너, 웨슬리 236

다
다세포 생물 42~44
다윈, 찰스 로버트 227, 282~286
다이노테리움 191
다트, 레이먼드 222, 227
단백질 31~34
단세포 생물 42~44

단속 평형설 299~301
대량 멸종 83, 161~165, 255~259
대륙붕 85
대륙 이동설 107~117, 155~156, 293, 295
데스노예르, 줄 54
독립 영양 생물 27, 36, 39
돌로, 루이 120
동일 과정설 269
동형 포자 95
두족류 67
둔클레오스테오스 87
뒤부아, 외젠 230, 289~290
디노펠리스 201
DNA 31~35, 42, 199
디츠, 로버트 155
디플로도쿠스 131, 133~135

라
라마르크, 장바티스트 263, 270~272
라사우롤로푸스 144
라이엘, 찰스 18, 279~281, 284
라이트풋, 존 17
라티메리아 카룸나에 172
라프, 데이비드 164
람포링쿠스 147
래딘스키, 레너드 203
래프워스, 찰스 52
러더퍼드, 어니스트 19
레만, 요한 45
레소토사우루스 141
로디스원숭이 209
로라시아 108
루시 222~224, 228
루시게니아 62
리키, 루이스 230
리키, 메리 225

마
마그마 22~23
마르기노케팔리아 141~142
마스토돈 192, 259

마시, 오스니엘 134~135
마이크로랍토르 구이 154
마카이로두스 201
매머드 192, 194~199, 259
맥기니스, 윌리엄 81
맨텔 부부(기드온 맨텔, 메리 앤 맨텔) 118
맬서스, 토머스 284
머치슨, 로더릭 52
메가네우라 80~83
메가테리움 204~208
메갈로사우루스 119, 124, 135
메리키푸스 187~188
메리테리움 189~191
메셀 화석군 312
메소사우루스 109
메소히푸스 186, 188
모르가누코돈 182
모수석 213, 216
모형 화석 315~317
무스사우루스 133
무악어 85
미구형체 29
미오히푸스 186
미토콘드리아 41, 246~248
밀러, 스탠리 27~28, 31, 296~298

바
바늘두더지 183
방사성 동위 원소법 19~20, 55~56, 240
방해석 65
버제스셰일 화석군 60, 84, 311
버클랜드, 윌리엄 119, 124
베게너, 알프레트 107~112, 155, 292~295
베링거, 요한 238~239
베이컨, 프랜시스 107
베크렐, 앙리 19
벨로시랍토르 140
뵐러, 프리드리히 26
부경고사우루스 밀레니우미 169
뷔퐁 백작(조르주루이 르클레르 드 뷔퐁) 17,
    263~266
브라니셀라 210
브라키오사우루스 127, 131, 133
브룸, 로버트 228
브릭스, 데릭 69
블러프, 코모 133
비어드, 크리스토퍼 209
빈치류 204, 207

사
사상체 39
사우로펠타 142
산소 35~39
살아 있는 화석 171~177
삼엽충 46, 63~67, 72, 84
상아 137~138
색소체 42
샘슨, 스콧 129
생혼 화석 302
석탄 96~99
석회암 102
세이건, 칼 253
세이스모사우루스 127, 133
세지윅, 애덤 51~52
세포 자살 43
셉코스키 주니어, 존 84
속씨식물 95
수각뉴 133, 167
수렴 진화 200
수에스, 에드워드 110
슈노사우루스 133
스미스, 윌리엄 45, 276~278
스미스, 제임스 172
스밀로돈 202
스테고돈 192
스테고사우루스 141
스테고케라스 142
스트로마톨라이트 37~38, 76
스트루티오미무스 127
시조새 150~154
신체 화석 302
실러캔스 171~177, 243~245
실리, 해리 131

아
아그노스티드 삼엽충 65
아노말로카리스 68~79
아르두이노, 조반니 45
아르디피테쿠스 라미두스 228
RNA 31~34
아르카이오랍토르 랴오닝엔시스 242
아르카이오르니스 시멘시 152
아르카이옵테릭스 리토그라피카 152
아미노산 28~29
아카스타 편마암 19~20
아커스틴, 윌리엄 203
아파르 원인 223, 225
아파토사우루스 133
아펙스 현무암 38

안경원숭이 209~210
안킬로사우루스 140, 142
알로사우루스 127, 131, 135~136
알버트사우루스 143
알베르티, 프리드리히 아우구스트 폰 53
암모나이트 158~159, 165
양서류 93
양치식물 95
어셔, 제임스 17
에드몬토니아 142
에디아카라 화석군 58~59, 311
에머슨, 샌런 203
에오랍토르 125
에오마이아 184
에오시미아스 209~210
에쿠스 187~188
엘드리지, 닐스 299
엘리아스, 밥 63
여우원숭이 209~210
열수 분출공 39
엽록체 42
영장류 209
예홀로덴스 182
오리너구리 183
오스트랄로피테쿠스 가르히 229
오스트랄로피테쿠스 아나멘시스 229, 231
오스트랄로피테쿠스 아파렌시스 222~225, 229
오스트랄로피테쿠스 아프리카누스 227
오언, 리처드 123, 125
오존층 26, 89
오파린, 알렉산데르 26~27
오파비니아 62
오팔 138
온혈 동물 128~129
완족동물 67
왓슨, 제임스 33
용각류 167~168
용각형류 133
용반류 131~133
용불용설 270~272
우주 생물학 252
운석 충돌설 161~165
울트라사우루스 탑리엔시스 167
울포프, 밀러드 246
원핵세포 35~36, 42
월컷, 찰스 60, 69
웨스트로시아나 93~94
웰스, 존 75
위왁시아 62, 72
위화석 213217

윌버포스, 새뮤얼 288
윌슨, 앨런 246
유대류 183~184, 200
유리, 해럴드 296
유태반류 183~184, 200~201
육상 식물 91~92
은행나무 176~177
이구아노돈 119~123, 144
이끼류 95
이아페타그노스투스 플룩티바구스 56
이언 51
이크티오스테가 90~92
이형 포자 95
익룡 145~149
인목 92

자
자바 원인 290
자외선 26, 35, 38
장기홍 166
절지동물 81
제프리, 해럴드 111
조반류 131~133
조산 운동 55, 157
조핸슨, 도널드 221~222, 229
종속 영양 생물 27, 36
주머니쥐 183
지구 온난화 99
지층 18, 47
직립 보행 223
진핵생물 41~42

차
천이 47
첸장 화석군 60, 84, 311
충준 56
침팬지 236

카
카우프, 요한 145
캄브리아 동물군 84
캐럴, 션 43
캥거루 183
커트니래티머, 마저리 171~172
케냐피테쿠스 211
케라토사우루스 135
케라포다 142
켄트로사우루스 141
코노돈트 56
코니베어, 윌리엄 53

코리아노사우루스 보성엔시스 169
코리아케라톱스 화성엔시스 169
코아노키테스 43
코아노플라젤라테스 43
코아세르베이트 27
코알라 183
코팡, 이브 229
코페르니쿠스, 니콜라우스 21
콤프소그나투스 127
쿡소니아 92
퀴비에, 조르주 레오폴 니콜라 프레데릭
　　273~275
크로마뇽인 232~237
크릭, 프랜시스 33
키노돈트 181
킹, 윌리엄 232

타

타웅 아이 222
태양계 21~22
테오프라스토스 98
토이트, 알렉스 두 108
투르카나 소년 230
트리케라톱스 140, 144
티라노사우루스 135~136, 140
티레오포라 141
틸라코스밀루스 200

파

파충류 93~95
파키케팔로사우루스 140, 142
판게아 108
판구조론 112, 156~157, 295
파탈라사 108
폐어 87, 176
포유류 181~184
폭스, 시드니 29, 31
폴리메리드 삼엽충 65
폴리오 바이러스 30
프랭크, 루이스 23
프로아일루루스 201
프로콘술 210~211
프로토케라톱스 144
프시타코사우루스 140, 144
프테라노돈 147~148
플라테오사우루스 133
플라티벨로돈 191
플레이페어, 존 269, 279
플로트, 요한 232
플롯, 로버트 124

플리오히푸스 187~188
피오미아 191
피카이아 62, 73, 85
피테아스 77
필립스, 윌리엄 53
필립스, 존 54
필석 67
필트다운인 사건 240

하

하드로사우루스 144
할라에오사우루스 125
할로이, 도말리우스 53
할루시게니아 72
해남이크누스 우항리엔시스 146
해백합 67
해저 확장설 155~156, 295
핵산 31
허턴, 제임스 267~269, 279
헉슬리, 토머스 헨리 286~288
힐, 조지 239
헤스, 해리 155
헤테로돈토사우루스 144
헨슬로, 존 282
현대 동물군 84~85
현생 이언 84
혈암 38
호모 네안데르탈렌시스 232
호모 사피엔스 232, 234, 245, 248, 303
호모 에렉투스 230, 246, 290
호모 하빌리스 230~231
호미니드 221, 225, 228
호박 137~139
홍조류 91
화석 복제 194~199
화석 연료 100~103
화석화 작용 65
획득 형질의 유전 272
후생동물 58
훔볼트, 알렉산더 폰 53
휘팅턴, 해리 69
흑옥 138
히라코테리움 185~186
힐로노무스 94
힙실로포돈 144

화석이 말을 한다면

1판 1쇄 찍음 2011년 10월 20일
1판 1쇄 펴냄 2011년 10월 25일

지은이 김동희
펴낸이 박상준
펴낸곳 (주)사이언스북스

출판등록 1997. 3. 24.(제16-1444호)
(135-887) 서울시 강남구 신사동 506 강남출판문화센터
대표전화 515-2000, 팩시밀리 515-2007
편집부 517-4263, 팩시밀리 514-2329
www.sciencebooks.co.kr

ISBN 978-89-8371-969-0 03400